数学思想引领课堂教学

李 军 | 著

南方传媒
广东人民出版社
·广州·

图书在版编目（CIP）数据

数学思想引领课堂教学 / 李军著．-- 广州：广东人民出版社，2024. 6.（2025. 3 重印）--（广东省中小学“百千万人才培养工程”省级培养项目系列丛书）. -- ISBN 978-7-218-17793-9

Ⅰ. O1-4

中国国家版本馆 CIP 数据核字第 2024C5F267 号

SHUXUE SIXIANG YINLING KETANG JIAOXUE

数 学 思 想 引 领 课 堂 教 学

李　军　著

出 版 人： 肖风华

责任编辑： 欧阳杰康　陈　昊
责任技编： 吴彦斌　马　健

出版发行： 广东人民出版社
地　　址： 广州市越秀区大沙头四马路 10 号（邮政编码：510199）
电　　话：（020）85716809（总编室）
传　　真：（020）83289585
网　　址： http://www.gdpph.com
印　　刷： 广州小明数码印刷有限公司
开　　本： 787 毫米 × 1092 毫米　1/16
印　　张： 13.25　　**字　　数：** 194 千
版　　次： 2024 年 6 月第 1 版
印　　次： 2025 年 3 月第 2 次印刷
定　　价： 68.00 元

如发现印装质量问题，影响阅读，请与出版社（020-85716849）联系调换。
售书热线：（020）85716863

总　序

党的二十大报告指出："教育是国之大计、党之大计。培养什么人、怎样培养人、为谁培养人是教育的根本问题。"百年大计，教育为本；教育大计，教师为本。教师是教育改革与发展的第一资源，教师强则教育强。作为人才强教、人才强省的一项重要改革举措，广东省中小学"百千万人才培养工程"深入实施，不断创新优秀教师培养机制，建立了省、市、县三级分工负责、相互衔接的中小学教师人才培养体系，坚持"系统设计、高端培养、创新模式、整体推进"的工作理念，分层分类培育教育家型教师、卓越教师和骨干教师并发挥他们的示范引领作用，辐射带动中小学教师队伍整体素质提升，为广东省加快推进教育现代化提供坚实的师资保障和人才支持。

韩山师范学院作为广东省中小学"百千万人才培养工程"小学理科名教师的培养单位，充分发挥百年师范办学沉淀下来的"勤教力学、为人师表"的优秀师德传统，密切结合新时代教师专业发展的新要求，遵循省级培养项目"师德为先、竞争择优、分类指导、均衡发展、公平公正"的工作原则，采用理论研修与行动研修相结合、导师引领与个人研修相结合、脱产学习与岗位研修相结合、国外学习与海外研修相结合、研修提升与辐射示范相结合以及集中脱产研修阶段、岗位实践行动阶段、异地考察交流阶段、示范引领帮扶阶段、课题合作研究阶段的"5结合5阶段"培养模式，致力于培养一批师德师风高尚、教育理念先进、理论知识扎实、教育教学能力强和管理水平高，具有国际视野、创新精神、较大社会影响力和知名度的小学理科教育家型教师。

教育家型教师一定要胸怀“国之大者”，立德树人，笃志于学，着力培养“有理想、有本领、有担当”的时代新人，成为塑造学生高尚人格、培养学生核心素养、促进学生全面发展的“大先生”。整个培养过程中，我们一直坚持“道”与“术”的深度融合，因为教师的发展永远是“道”与“术”的统一，没有“道”前提下的“术”往往是无源之水，没有“术”的自我之道也是无本之源，“道”的提升是名教师发展的必经之路。在“5结合5阶段”的培养过程中，我们侧重于指导学员的教育教学新理念创新、学科前沿探究、教学改革行动研究、教学风格及教学思想提炼和传播等。35名学员经过螺旋上升式的“学习+实践+反思”，不断打造自己的教学风格、凝练自己的教学思想。我们希望，这些承载着省寄予厚望的广东省中小学“百千万人才培养工程”学员们的教育成果能够发挥最大的品牌效应，引领更多教育人不忘初心、潜心育人，参与到广东省教育现代化的伟大事业中，为广东省基础教育高质量发展做出应有的贡献。

于韩师水岚园

（王贵林，研究员，硕士生导师。广东省中小学“百千万人才培养工程”小学理科名教师培养项目负责人及首席专家，广东省首届中小学教师培训专家工作室主持人。曾任韩山师范学院心理健康工作委员会副主任、教育科学学院首任院长，广东省教育学重点学科、广东省“冲补强”教育学重点学科带头人）

自序
“错了”，也“不错”

从记事起，感觉自己一直都在“化错”中成长。

我小时候特别调皮，但身体素质极佳，一直是校级运动员，从小的顽皮反倒练就了健康好体质。从小就能在单杠、双杠上行走如飞，小时候屋子旁的两棵树之间有自制的吊环，我每天放学回家都要学着“体操王子”李宁翻转几圈，儿时的乐趣至今记忆犹新。因为名字中有个“军”字，所以我一直向往成为一名英姿飒爽的军人。

命运弄人。记得1994年初中毕业考试前，因为数学袁老师的劝说，我本不打算在“师范”栏下面写“服从”却填写了“服从”二字，结果阴差阳错地被师范学校录取了。这次的“错”，让我从事了一个自己从未想过的职业——小学教师。

1997年师范毕业，19岁的我在混沌中开始从事这份内心并不喜欢的工作。最初工作的几年，我曾有过彷徨、有过徘徊，也曾泪流满面，在下海浪潮的影响下，我的思想波动很大，无法安心工作。我甚至一度想放弃这份看似不起眼的工作。但没想到，在日常与学生的接触中，学生越发愿意与我分享喜怒哀乐；周末，我们一起去郊游玩耍；学生在省数学竞赛中频频获奖……这让我感受到了为人师的快乐。

起初觉得“错了”，渐渐觉得也“不错”，这何尝不是一种“对”呢？

2005年初，教育局有一个去新疆支教的名额，那时我的孩子才出生两个月，我和爱人商量后，克服困难，毅然作出去新疆支教的决定，来到离家万里之遥的伊犁察布查尔锡伯自治县的一所小学支教，我的人生从此发生了改变。

我从一名普通老师，甚至是专业思想有些不牢固的老师，成长为“全国优秀教师”“江苏省特级教师”，与在新疆支教时读到《人民教育》2005年第11期《名师人生》栏目，由全国著名特级教师、北京第二实验小学副校长华应龙老师所写的一篇文章——《篮球，我的导师》有关。因为我热爱篮球运动，所以一看到这个题目就迫不及待地一口气读完了，自此内心再也无法平静，甚至连读三遍，欲罢不能。华应龙老师将打篮球和自己的教育人生巧妙地结合，让我没想到原来教育也可以如此精彩，我被深深震撼了。

我激动得夜不能寐，于是写了一封长长的信投向了邮局，三天后我收到华老师的回信:“李军兄弟，信已收悉……”也因此，我与华老师结下了近20年“亦师亦友”的情谊，成为华老师全国工作室中的首批成员。

多年来，我无数次现场感受一节节疯狂而迷人的“化错课堂”，见证着师父从起步阶段的“融错”，到发展阶段的“荣错”，再到提升阶段的“化错”。华应龙老师始终致力于实现“让天下没有难学的数学”这一目标，从“化错教学”到“化一教育”，已经从初期的实践层面到形成独特教育理论的关键时期。

近20年来，在华应龙老师的引领下，我在“化错”中成长，从最初不想当教师到后来成为江苏省泰州市高港区第一个小学数学特级教师。看似“错”，其实“对”，错若花开，成长自来。在“化错”中，我坚守课堂教学第一线，教学风格逐渐形成，教科研能力逐渐提升；在“化错”中，通过名师工作室平台，带着一群人共成长，同发展。

我是何等的幸运，如果不是选择服从师范志愿，如果不是去新疆支教，如果不是认识华应龙老师，如果不是选择坚守……或许，我不是现在的我。最初漫无边际的梦想变成了现实的“教育之梦”，这一切，不都是“因错得福”，在“化错”中成长吗？今后，我依然会行走在“化错”路上，致力追求教有

“根”的数学，用数学思想引领课堂教学，朝着心中慢慢升起的“教育梦”努力奔跑，坚定而执着。

李军

（注：此文发表于《中国教师报》2020年6月10日第9版《教师成长周刊》，编入时略有修改）

推荐序

奔跑中的李军

亦徒亦弟的李军老师一直叫我“师父”。说起这师徒之缘，还有一段故事。2005年之前，我们素不相识。同年2月，李军远赴新疆伊犁察布查尔锡伯自治县第三小学支教。

彼时，身为异乡人，面对陌生的环境，他的内心是孤独的。但是阅读总会给人以慰藉，更会给予人勇气，给予人信心。他是一位爱好读书的人，我们也因“文”结缘。

当年，我在《人民教育》的《名师人生》栏目上发表了一篇文章——《篮球，我的导师》，我是一个爱篮球的人，也是一个爱教育的人。没想到，这个远在新疆的大男孩更是一个篮球狂热爱好者。我收到了他寄来的信件，洋洋洒洒近四页纸。在那个电邮、QQ正兴起的年代，古老的纸质信中，他倾诉着对篮球的热爱，更诉说着对教育的热情。虽未谋面，但是我由衷地喜欢这个大男孩，透过他的字里行间，这位年轻人在写信中时不时锁眉、沉思、兴奋、挠头的“笨拙”样儿跃然纸上，我不禁粲然一笑。他那么阳光、那么真诚、那么奔放，多美好的岁月，让我想起了我曾经也是这样一个追风少年。

此后，篮球、阅读、教学，牵起了我与李军的师徒情谊。我们探讨历史长河中“生当作人杰，死亦为鬼雄”的大气磅礴，也会论及教育的趣味，人生的选择。我们欣然接受工作和生活上“十之八九的不如意”，也会鼓励着“风雨过后总会遇见彩虹”。他时常会发来他的教学设计、教育随笔与我分享交流。他喜爱我这个师父，我也喜欢他这个徒弟。从相识，到相遇、相知，他将我们的故事写成了一篇文章，发表于《人民教育》，并获得《人民教育》创刊60周年征文特别纪念奖。

“早成者未必有成，晚达者未必不达。”时间总会给努力的人想要的收获。李军始终坚持着最初的教育梦想：做一名优秀的小学数学教师！他是这么想的，也是这么做的。在一所乡镇中心小学工作期间，面对多次调入政府、调入城区其他学校的机会，他都坚定地拒绝了。从最初的迷茫到执着的抉择，他从一名普通的农村学校的小学数学老师，逐渐成长为学校副校长、校长。后来，他被表彰为全国优秀教师、江苏省“333高层次人才培养工程”培养对象、感动泰州师德模范、泰州市最美教师、泰州市有突出贡献中青年专家等；被评为泰州市学科带头人、泰州市首批特级教师后备人才、泰州市首批卓越教师培养对象、高港区十大杰出青年等。

在我心中，他始终是一棵树，站成了最美、最坚定的姿态，为保证养分充足，他将根须伸向岗位的更深处，扎得更实，站得更稳。

2013年，他主持申报江苏省教育科学规划课题“追寻有‘根’的小学数学教学的实践研究”成功结题，提出了“给学生有‘根’的数学”的教学主张——“让学习触及数学学科的本质”，以数学思想引领课堂教学，致力于探索让数学思想根植于儿童的数学学习中，让课堂教学显现出“新颖、扎实、灵动、智慧”的特点。围绕该课题，他先后深入研究并执教了“扇形统计图”“确定位置”“认识分数”“乘法分配律”“解决问题的策略（画图）”等内容，注入了自己的思考，体现了自己的追求。他尤为注重数学思想的渗透，引导学生把握数学学科本质，在数学知识本源处、内核处、关键处探寻、体验、感受，触及数学知识的“核心”。让静态的数学思想变成学生探究发现的过程，提高学生的思维能力，以此来促进教学方式和学习方式的根本性变革。学生通过自己的“再发现”获得新的数学知识、技能、方法及体验数学思想的“光辉”，感悟数学思想的“魅力”，领悟数学的真谛，从而成长为一个“具有数学思想”的人。

2012年，在《小学数学教师》编辑部组织的“辩课进校园”活动中，李军老师与全国著名特级教师、苏州大学附属学校徐斌老师同台执教，先后多次获得省市优质课评比一等奖；2016年12月，他在江苏省教研室组织的“教学新时空”名师课堂中围绕课堂教学如何触及数学的本质展开了深入的研究；2020年，他被人才引进到深圳后，成为广东省中小学“百千万人才培养工程”小学理科名教师班班长，在广东、山东、陕西、甘肃、江西、新疆等全国多个省市执教观摩课，将自己的教学主张“教有‘根’的数学”进行解读和交流，以思想引领课堂教学，引起广大教师的关注，受到诸多专家和老师的好评。他先后撰写50多篇论文发表于《人民教育》《小学数学教师》《小学教学》等杂志，其中《“大思政”视野下的小学数学课堂教学——以北师大版教材〈扇形统计图〉教学内容改造为例》被人大复印报刊资料《小学数学教与学》2023年第7期转载。

我知道李军喜欢跑步，风雨无阻。看到勤奋、乐观、执着、向上奔跑中的“大男孩”李军，我的耳边就会响起羽泉的《奔跑》：

我们想漫游世界

看奇迹就在眼前

等待夕阳染红了天

肩并着肩，许下心愿

随风奔跑自由是方向

追逐雷和闪电的力量

把浩瀚的海洋装进我胸膛

即使再小的帆也能远航

随风飞翔有梦作翅膀

敢爱敢做勇敢闯一闯

哪怕遇见再大的风险再大的浪

也会有默契的目光

在李军的奔跑中我聆听到了他生命拔节的声音，感受到了他执着于教育的坚定。他也越跑越快，越跑越坚定，越跑越轻松。我祝愿他在人生漫长的道路上，跑出属于自己的一片精彩，跑出属于他自己追寻数学教育的光明大道……

我相信并期待李军同样会跑出“轰轰烈烈”的传奇人生！

（华应龙，北京市第二实验小学副校长，著名特级教师，首批正高级教师，首批“首都基础教育名家”，首届全国教育改革创新奖获奖者，首届“明远教育奖”获奖者，首届“新时代中国杰出教育家”，“化错教育”创始人。北京师范大学、教育部小学校长培训中心兼职教授，江苏省教育科学研究荣誉研究员，“中国教育报数学阅读导师团”总导师，中国陶行知研究会、中国教育学会学术委员。从教40年多来，致力于探索“化错教育”，曾获北京市政府教学成果一等奖。出版专著《我就是数学》《华应龙和化错教学》《祖国需要，我就去教》等10本。）

（注：此文发表于《小学数学教师》2017年第9期，收录于华应龙著《教育要给学生留下什么》一书，编入时略有修改）

前言

2001年，全国基础教育掀起了课程改革的浪潮，我这样一个刚刚工作了几年的老师，自然是义无反顾地投身于课程改革的各种集中培训、现场研讨等教研活动中，但也就是因为置身于这样的改革浪潮中，我对课堂教学的理解也越来越深入和透彻。随着2011年第一轮基础教育各科课程标准的制定颁布，基础教育课程改革逐步深入，课堂教学与发展也面临着新的要求和挑战。伴随着课程改革10多年的浪潮，在长年累月的课堂教学实践中，我对小学数学教学也渐渐有了自己的思索。2012年，我提出“教有‘根’的数学”，并于2013年成功申报江苏省教育科学规划课题，自此以后，对“教有‘根’的数学”的探索与实践一直伴随着我教学生涯的每一天，我致力于以数学思想引领课堂教学，让数学思想根植于学生的数学学习中，让学生的数学学习触及数学的本质。

对于“教有‘根’的数学”，我撰写了多篇文章，并陆续发表在全国中文核心期刊，在全省范围内产生了一定的影响。其中2017年在《人民教育》上发表的文章《基于学生发展需要的“教”》，成为我研究过程中具有里程碑意义的篇章，随后，我在《小学数学教师》杂志上刊登了一组以“数学思想引领课堂教学”为主题的系列文章，论文的观点得到了全国诸多专家学者的认可，在全国产生了广泛的影响，引发了大家对数学本质及数学基本思想的讨论，也坚定了我继续研究的决心。

2022年4月21日，《义务教育数学课程标准（2022年版）》（以下简称《数学课程标准（2022年版）》）正式发布，新一轮课程改革拉开了序幕，以核心素养为课程总目标是课程研究的重大突破。什么是素养？素养则是左右迁移，能否将所学知识情境化、实践化的核心因素[①]。以素养之名来定位未来教育的课程与教学目标，是一场范式层面的改革，寄托着大变革时代的教育期望与成功的愿景，对教学提出了诸多要求和建议，作为经历了两轮课程改革的一线教师，20多年的教学实践让我成长为全国优秀教师、江苏省特级教师、广东省中小学“百千万人才培养工程”培养对象、深圳市名教师，在这一次的课程改革中，我有责任也有义务率先示范，全面贯彻落实党的二十大和全国教育大会精神，落实立德树人的根本任务。积极响应党的号召，将数学学科教学的宗旨回到“育人”上来，从学科层面，要寻根，深挖学科本质及其中蕴含的数学思维和方法，从而更好地引领课堂教学，帮助学生通过数学学习学会思考。从教学层面，要扎根，培植扎根土壤，通过开放、多元、包容的课堂教学，让学生体会到学习的乐趣。从教育层面，要生根，教育的意义和价值在于学生的全面发展，使其更好地面对未来的工作和生活，从课堂上，要走出有理想、有道德、有本领的社会主义接班人，为祖国的繁荣、民族的复兴贡献出自己的力量。

基于这样的思考，我重新审视了“学科素养”这一表述，在《数学课程标准（2022年版）》中，这是一个值得关注的热词，是学科教育在全面贯彻党的教育方针、落实立德树人的根本任务、发展素质教育、学科育人价值的集中体现；是学生通过学科学习而逐步形成的正确价值观、必备品格和关键能力。学科是相对独立的知识体系，知识点科学化、系统化是构建学科的基础，学科的教与学都离不开知识这一育人的承载体。人是有思想的，作为承载着育人功能的课也应该有思想。课的思想在教材中，更在课堂教学中，最终是在教师的理解、把握、践行中，有思想的教师才能上出有思想的课，有思想的教师才能真正成为一名卓越的教师。

---

① 张良:《素养教学论：化知识为素养》，华东师范大学出版社，2022。

于我而言，“教有‘根’的数学”就是我的教学思想，用数学思想引领课堂教学就是我的主张，这一主张并不是无源之水、无本之木。1978年，教育部颁布的《全日制中学暂行工作条例（试行草案）》中第一次明确提出“基础知识与基本技能”（简称“双基”），一直沿用至今。毋庸置疑，重视“双基”既是我国中小学教学的优良传统，也是我国基础教育课程体系的必要支撑。但以“双基”为目的的教学，也导致了如高分低能、有分无德、有形无实、效率低下、机械练习等共性问题，存在过度注重形式，轻视本质的现象。针对这些乱象，《义务教育数学课程标准（2011年版）》（以下简称《数学课程标准（2011年版）》）明确提出：“通过义务教育阶段的数学学习，学生能获得适应社会生活和进一步发展所必需的数学的基础知识、基本技能、基本思想、基本活动经验。”[①] 在原来“基础知识与基本技能”的基础上，增加了“基本思想与基本活动经验”。

多年来，“基础知识、基本技能”一直是我国数学课程的重要目标，也是教师教学及学生学习的首要目标，从“双基”发展到“四基”，数学思想得以凸显出来，是课程发展走向纵深的必然结果和时代需求，也对广大教师的课堂教学提出了新的要求，这是第二轮课程改革的一次跨越，具有重要的实践意义，符合时代对培养人的需求。孙晓天教授指出：“这是在数学课程目标完善方面迈出的重要一步，是我国数学课程改革取得阶段性进展的重要标志。”[②] 可见，从“双基”发展到“四基”，得到了专家及一线教师的广泛认可。但是由于实际操作的难度，加之理论准备不足，“基本思想”“基本活动经验”的落地还存在一些问题，尚未真正成为教师培养学生的目标，使学生终身发展的素养目标没能很好地彰显出来等。

① 中华人民共和国教育部：《义务教育数学课程标准（2011年版）》，北京师范大学出版社，2012。

② 孙晓天：《关于数学基本思想的若干认识与思考》，《江苏教育》2016年第12期。

《数学课程标准（2022年版）》在课程性质论述时指出："学生通过数学课程的学习，掌握适用现代生活及进一步学习必备的基础知识和基本技能、基本思想和基本活动经验。"[①] 对比后可以看出，关于"四基"的论述沿袭了第二轮课程改革的说法。这再一次强调了"基本思想"对数学学科学习的重要性，著名数学家张景中指出："小学生学的数学很初等，很简单。但尽管简单，里面却蕴含了一些深刻的数学思想。"[②] 在数学学习中遇到的一个个具体案例支撑起学生对抽象数学思想的理解与掌握，用数学的眼光观察现实世界（数学抽象）、用数学的思维理解现实世界（数学推理）、用数学的语言描述现实世界（数学模型）成为学生的基本素养。对《数学课程标准（2022年版）》的深刻解读，再一次坚定了我研究"教有'根'的数学"的决心，史宁中教授说："数学思想是统领整个数学及数学学习的思想，是数学科学的基石。"[③] 数学思想应成为小学数学教学的具体目标，"以数学思想引领课堂教学"，让零碎的知识点在"数学思想"的统领下有机地结合，还学生一个有"根"的数学，借"数学思想"之根贯通知识与知识间、方法与方法间的联系，形成盘根错节的认知网络，让学生的学习触及数学本质的同时具备高通路迁移的能力。在不断螺旋上升的数学教学中，牢牢抓住"数学思想"这个"牛鼻子"，不断地"滚雪球"式发展壮大，直至数学思想深深根植于学生的数学学习中，我想，这将成为我职业生涯最重要的研究课题。

写于2023年10月29日　寒竹轩

---

① 中华人民共和国教育部：《义务教育数学课程标准（2022年版）》，北京师范大学出版社，2022。

② 张景中：《感受小学数学思想的力量——写给小学数学教师们》，《人民教育》2007年第18期。

③ 史宁中：《数学思想概论（第1辑）：数量与数量关系的抽象》，东北师范大学出版社，2008。

目录
CONTENTS

上篇

第一章
数学思想的背景、内涵、价值

第一节　数学思想的背景

现在的根深扎在过去，对于寻求理解“现在之所以成为现在这样子”的人们来说，过去的每一件事都不是无关的。[①] 探寻数学思想的背景，其目的不仅在于了解数学思想发展的历程，更重要的是，数学思想的发展是由古今中外那些伟大的数学家汇集不同方面的成果点滴积累而成的，这需要几十年甚至几百年的努力才能达成，数学家们走过了艰苦漫长的道路，创造的过程充满了斗争、挫折，我们一旦认识到这一点，对“数学思想”的敬畏就多了几分，与此同时也会获得顽强地落实“数学思想引领教学”的勇气。遗憾的是，限于本人的学识水平，也受限于篇幅，在本书中我既不能如莫里斯·克莱因那样，用丰富的篇幅将古代到20世纪初的重大数学创造和发展一一论述，也不能如米山国藏那样，认识到“无论是对于科学工作者、技术人员，还是数学教育工作者，最重要的就是数学的精神、思想和方法，而数学知识只是第二位的”[②]，因此深以缺少这方面的著作为憾。于是，不揣冒昧，斗胆地把自己多年的工作经验和长期的深思熟虑写成此书公之于世，以为引玉之砖。我想做的相对简单，就是以一线教师的视角，从课程改革的背景中寻根溯源，在一线教学的现状中问诊把脉，阐述我提出的“教有‘根’的数学”的教学主张。

---

① 莫里斯·克莱因:《古今数学思想（第一册）》，张理京等译，上海科学技术出版社，2014。

② 米山国藏:《数学的精神、思想和方法》，毛正中、吴素华译，华东师范大学出版社，2019。

1. 课程改革背景

多年来，“基础知识、基本技能”一直是我国数学课程设置的重要目标，也是数学教学及学生学习的首要任务，以“双基”（基础知识和基本技能）的掌握作为重要诉求的价值导向直到《数学课程标准（2011年版）》的颁布才得以明显改变。在这一版课程标准中，“基本思想”和“基本活动经验”被旗帜鲜明地提出，传统的“双基”拓展为“四基”（基础知识、基本技能、基本思想、基本活动经验），这也被认为是第二轮新课程改革取得的标志性成果。毕竟，学生们所接受的数学知识，因几乎没有什么机会在生活中应用，所以很快就忘掉了，“唯有深深地铭刻于头脑中的数学的精神、数学的思维方法、研究方法、推理方法和着眼点等，随时随地地发生作用，使他们受益终生”[①]。把数学课程从“双基”拓展为“四基”具有划时代的意义，把“软任务”提升为“硬指标”，必将在观念转变、经验积累、学习方式等方面对教师理解和贯彻课程标准提出新的要求，对数学教学产生改革性的、强有力的推进作用。

数学思想自从纳入“四基”后，便受到了数学教育界的广泛关注，得到了专家和数学教育工作者的认可和支持，他们认为数学思想就是在考查数量关系和空间形式等教学内容时所提炼出来的对数学知识的本质认识，是建立数学理论、发展和应用数学解决问题的指导思想。数学思想一方面是指数学产生和发展所必须依赖的那些思想，另一方面也是学习过数学的人应当具有的基本思维特征。[②]《数学课程标准（2011年版）》指出：“数学思想蕴含在数学知识形成、发展和应用的过程中，是数学知识和方法在更高层次上的抽象与概括，如抽象、分类、归纳、演绎、模型等。”[③]

---

① 米山国藏：《数学的精神、思想和方法》，毛正中、吴素华译，华东师范大学出版社，2019。

② 马芯兰、孙佳威：《开启学生的数学思维：对马芯兰数学教育思想的再认识》，北京师范大学出版社，2021。

③ 中华人民共和国教育部：《义务教育数学课程标准（2011年版）》，北京师范大学出版社，2012。

多年来，数学思想方法本身的研究相对丰富，在《数学课程标准（2011年版）》中也明确指出，数学基本思想分别是抽象、推理和模型。基于这三个基本思想，又派生出了下一层数学思想，例如，由抽象思想派生出来的分类思想、集合思想、数形结合思想等。但是如何在课堂上运用数学思想方法，相关的研究文献相对不足。美国教育心理学家布鲁纳指出：掌握基本的数学思想方法，能使数学更易于理解和更利于记忆，领会基本数学思想和方法是通向迁移的“光明之路”；俄罗斯也把使学生形成数学思想方法列为数学教育的三大基本任务之一；荷兰著名数学教育家弗赖登塔尔更是指出，“数学中最主要的成分始终是数学思想，而这确实是人类共同的思想源泉”。《数学课程标准（2011年版）》中也有提到:“学生在积极参与教学活动的过程中，通过独立思考、合作交流，逐步感悟数学思想”，但这些表达相对比较抽象，对于一线教师而言，缺乏足够的引领性。有部分研究者希望借助“四基”教学模块的构建，着重探讨基本数学思想方法的教学途径，这一思路最早来源于2006年国内著名数学教育学者张奠宙先生在会议上提出“双基数学模块”[①]，即：

第一维度，基本数学知识的积累过程；

第二维度，基本数学技能的演练过程；

第三维度，基本数学思想方法的形成过程。

实际上，这个模型已经超出了“双基”范围，涉及了“三基”，这样一来，“四基”中前“三基”就已经形成了一个三维的“数学基础模块”。那么第四个“基本”——基本数学活动经验应该放在哪里呢？基本数学活动经验本身并不是一个单独的维度，而是填充在三维模块中间的黏合剂，事实上，数学教学是数学活动的教学，学生通过无处不在的基本数学活动获得的经验，与数学基本知识、基本技能、基本思想方法交织在一起，渗透在整体数学学习过程

① 张奠宙:《中国数学双基教学》，上海教育出版社，2006。

之中，如图1所示。这一模块的构建，是我国数学课堂教学的一个典型模式，其中既有扎扎实实打基础的内容，也有提炼数学思想方法的发展部分，在整个活动中，借助变式练习，积累数学活动经验，彰显了中国数学教育的特色。

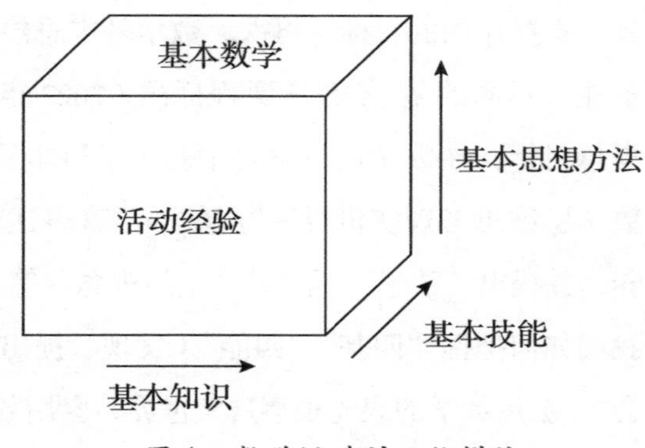

图1　数学活动的三维模块

“四基教学模块”的构建给我们最大的启发是：“四基”并非孤立地存在着，而是互相链接，形成你中有我、我中有你的交错格局。在数学教学中，知识的获得、技能的训练、数学思想方法的提炼互相渗透，数学思想和数学知识是相互依存、相互促进的。数学思想不会独立存在，它是从数学知识中提炼出来的数学学科的精髓，是将数学知识转化为数学能力的桥梁。随着数学知识的不断积累，数学思想也会不断加深，逐步形成一种自觉意识，学生掌握一定的数学思想有利于形成良好的认知结构，使学习数学知识更具有逻辑性和系统性，有利于提升学生的数学思维水平，促进思维能力的发展，更好地理解数学知识的精髓，把握数学知识的本质和内涵。[①] 用三维模块来构建“四基教学模块”，也是一种隐喻的表现手法，暗示学生头脑里的数学大厦，也是在一个个的基础模块之上建立起来的。

《数学课程标准（2022年版）》沿袭了第二轮课程改革的说法，在课程性质论述时关于“四基”论述基本和《数学课程标准（2011年版）》一样。通过对比发现，两版课标中数学基本思想主要表现在三个方面：首先，数学基本思想是“课程基本理念”的重要组成部分；其次，数学基本思想是“课程目标”中

① 马芯兰、孙佳威：《开启学生的数学思维：对马芯兰数学教育思想的再认识》，北京师范大学出版社，2021。

具有支撑作用的目标；再次，数学基本思想在具体的“课程内容”中几乎无处不在。不同的是，《数学课程标准（2022年版）》提出了“核心素养”这一课程总目标，在数学这一学科中基于学科本质又将“用数学眼光观察世界”“用数学思维思考现实世界”“用数学语言表达现实世界”定位为数学学科核心素养，并提出“数感”“量感”“空间观念”等11个核心素养的具体表现。这就对我们如何把握“四基”“四能”（发现、提出、分析和解决问题的能力）与“三会”（会用数学的眼光观察现实世界、会用数学的思维思考现实世界、会用数学的语言表达现实世界）之间的关系，并在教学中如何落实核心素养提出了新的挑战。在这样的时代背景下，我也在思考，如何为“教有‘根’的数学”赋予新内涵，如何让“数学思想引领课堂教学”成为发展学生核心素养的有效策略，在本书第三章阐述了最新研究成果，相信随着研究的深入，还会有新成果不断出现。

2. 教学现状背景

在实际教学中，作为一线教师，我也经常参加一些研讨活动，观摩一些教师的课堂教学，发现小学数学教学中普遍存在一些问题，这些问题包括但不限于：知识、技能教学浅表化，不抓根本；教学结果化，不重过程，不重根源；部分教师在教学中只重视讲授表层知识，而不注重渗透数学思想方法；学生理解碎片化，其所学的数学知识往往是孤立、零散的，不利于学生对所学知识的真正理解和掌握；教学功利化，效果差价值低，只重眼前的分数，不重长远的发展等。不少教师的课堂教学缺少“思想”，主要体现在：一是对数学的基本思想和方法关注不够，浮于浅表，课堂不够深入，学生浅尝辄止，无法进行深度学习；二是大多数老师自身的教学思想匮乏，没有形成自己思想个性的课堂教学，这两点都值得我们思考。纵观国内小学关于数学思想的研究，大多停留在初步渗透数学思想方面，而没有从“教”与“学”的双重视角去深入思考和研究数学，特别是用数学思想统领课堂教学，构建基于数学思想的高通路迁移路径，促进学生关联地学、迁移地学、创造地学，目前大家对数学思想方法的认识比较模糊或者是浅层次的，我们迫切地需要开展更深层次的研究和实践，通过大量的阅读提高老师的理论水平，通过大量的课例研究学会如何用数学思想方法指导和引领我们的教学设计，从而更好地在课堂教学中渗透数学思想方法来培养学生用数学眼光看待和分析周围事物的能力。

当我们对现行各个版本小学数学教材进行梳理，可以发现教材有两条线，一条是知识技能线，浮在“水面之上”，是教学的重点内容；另一条线就是知识背后所蕴含的基本思想和方法，这是一条暗线，如果老师们缺乏深入思考，往往就不被重视甚至被忽略。比如，小学数学教材中文字相对较少，大多是用丰富多彩、生动形象的图片或者表格、对话形式来表达内容，导致教师忽略了其中蕴含的数学思想方法。以北师大版数学一年级上册的“比较数的大小”为例，教材中通过图画、文字和符号相结合的方式，渗透了一一对应的思想，因此在教学中，不能仅仅满足于“比较数的大小”这一具体知识点的教学，而是在具体知识的学习中，通过情境中感悟、操作中领悟、表达中内化，将“一一对应”这一抽象的数学思想具象化、直观化，使之成为一年级学生可以理解的样态。在一年级上册“20 以内的进位加法”的整理与复习中，“竖着看，每个算式……”“横着看，各行是……”“认真思考，我发现……”这些带有引导性的思考，和后续学习的一次函数有着必然联系，渗透了函数的思想。知识中蕴含的数学思想，需要教师引领学生“感悟”“运用”，数学思想蕴含于数学内容和方法之中，而又高于数学内容和方法，它是联系数学知识的纽带，对于具体的数学知识具有强大的凝聚力。它将分散的知识统整串联起来，起到举一纲而万目张的作用。

“施教之功，贵在引路，妙在开窍”，在引领学生进行学习的过程中，要给数学思想以核心地位。借助知识的学习领悟数学思想，用数学思想打通知识之间的关联，在知识的学习过程中形成高通路迁移，这样的数学课堂才能富有内涵和外延，学生的发展才有拓展的空间。让数学思想方法植根于教师的日常教学和学生的学习中，才能让师生都收到事半功倍的效果。

第二节　数学思想的内涵

数学思想是数学得以不断向前发展的根源。没有思想的数学几乎是不存在的，没有思想的数学教学也是浅显的。数学的教与学，不只是简单知识的传授和掌握，更重要的是数学思想与方法的感悟和内化。

数学是一门古老的学科，从萌芽时期发展至今已经有数千年的历史。数学的发展史不只是一些新概念、新命题的简单堆砌，它还包含着数学思想和方法的积淀，数学知识的发生、形成、发展过程也是其思想方法产生、应用的过程，数学思想是支撑数学向前发展的“内核”。回顾数学教学目标的历史，不难发现很早就有关于数学思想方法重要性的认识：学习数学不仅要学习它的知识内容，而且要学习它的精神、思想和方法。从数学学科学习角度看，数学思想和方法在课程中应占有重要地位，应作为教育任务的重要内容。然而，对于什么是数学思想，却没有标准的答案。

1. 数学思想的含义

苏联著名数学家弗里德曼曾说过：“数学逻辑结构的一个特殊的和最重要的要素就是数学思想，整个数学学科就是建立在这些思想的基础上，并按照这些思想发展起来的。”[①]

国内众多数学教育学者也表达了对数学思想的观点。郑毓信教授认为[②]，“数学思想”应该有两种意义的理解。第一种是在对数学研究活动中的思维活

---

① 弗里德曼：《中小学数学教学心理学原理》，陈心五译，北京师范大学出版社，1987。

② 郑毓信：《数学思想、数学思想方法与数学方法论》，《科学技术与辩证法》1993 年第 5 期。

动与思维活动的最终产物之间进行明确区分的基础上，界定了“数学思想”的意义。如研究某一问题是如何产生的，数学家们又是如何创立某一新的理论或方法的，此类问题属于“数学思想”范畴，尽管这里所说的数学思想的一个重要特征是它从属于具体的数学知识。“数学思想”的第二种意义是指与具体的数学内容相分离并具有更大的普遍意义的思维模式或原则。如数学家们通常是如何去确定自己的研究方向的，他们在解决问题的过程中又常常采取了哪些策略，由于第二种数学思想具有较强的方法论意义，因此被称为“数学思想方法”或“数学思维方法”，这个意义上的数学思想方法不再从属于任意特定的数学分支，从而成为数学方法论的研究对象。

张奠宙与过伯祥认为[①]，数学思想尚未成为专有名词，人们常用它来泛指某些重大意义的、内容丰富的、体系相当完善的数学成果。同一个数学成就，当用它去解决别的问题时，就称之为方法；当评价它在数学体系中的自身价值和意义时，则称之为思想。

丁石孙在《数学思想的发展》一文中，表达了自己关于数学思想的观点[②]。在他看来，数学思想就是人们对于数学的看法，包括数学在知识体系中所占的地位、数学与生产实践的关系、数学与其他科学的关系以及数学发展的规律、数学研究方法的特点等。这些看法随着数学的发展在不断发展，反过来，这些看法在每一个时期对数学的进步发展都有着或多或少的影响。数学发展的历史应该成为数学思想研究的出发点，具体可以从三个方面着手研究。第一，以数学发展的各个阶段作为对象，了解人们对数学有哪些看法，这些看法与当时的数学发展状况的关系，与当时社会及一般的哲学观点的关系，以及这些看法对数学的发展所产生的影响。第二，研究过去与近代的大数学家的科学研究方法，他们对数学的看法，以及他们的哲学观点。第三，由于数学的概念

---

① 张奠宙、过伯祥:《数学方法论稿》，上海教育出版社，1993。

② 丁石孙:《数学思想的发展》,《自然辩证法研究通讯》1956 年第 0 期。

标志着数学的发展，反映着人类对客观世界认识的深度，因此对每个概念是如何反映客观世界的某一个侧面进行哲学分析应作为数学思想研究的内容之一。

蔡上鹤认为，所谓数学思想，是指现实世界的空间形式和数量关系反映到人的意识之中，经过思维活动而产生的结果，它是对数学事实与数学理论的本质认识。① 数学思想属于科学思想的一种，但科学思想只有被“数学化”后才能成为数学思想，同样，只有将科学思想应用于空间形式和数量关系时，才能成为数学思想。

曲立学认为：“数学思想，是人们对数学科学研究的本质及规律的深刻认识。这种认识的主体是人类历史上过去、现在以及将来的有名与无名的数学家；而认识的客体则包括数学科学的对象及其特性，研究途径与方法的特点，研究成就的精神文化价值及对物质世界的实际作用，内部各种成果或结论之间的互相关联等。”②

臧雷认为，应该从两个方面来理解数学思想。一种是狭义理解，主要是就数学知识体系而言，数学思想往往是指数学思想中最常见、最基本、较浅显的内容，比如化归思想、抽象思想等。这些最常见、最基本的数学思想也是从某些具体的数学认识过程中提炼出来的结果或观点，并在后续的认识活动中被反复运用和证实其正确性。另一种是广义理解，即数学思想除上述内容外，还应包括关于数学概念、理论、方法以及形态的产生与发展规律的认识。③

对于数学思想的认识之所以出现如此大的差异，主要是因为人们看待数学思想的视角不同。有的学者是从数学领域内部来看待数学思想，有些学者是站在哲学高度来审视数学思想，还有些学者是从数学教育的角度来解释的。尽

① 蔡上鹤：《数学思想和数学方法》，《中学数学》1997 年第 9 期。
② 曲立学：《关于“数学思想”的探讨》，《数学教育学报》1994 年第 1 期。
③ 臧雷：《试析数学思想的含义及基本特征》，《中学数学教学参考》1998 年第 5 期。

管观点不同，但透过这些观点可以探寻数学思想的历史，也就是数学基本概念、重要理论产生和发展的历史，也是数学家和哲学家的数学观发展的历史，从数的概念、定义、规律等知识的产生到发展无不体现着某种数学思想。

那究竟什么是数学思想呢？作为一名数学教育工作者，我们得先了解关于数学和思想的界定。关于数学本身的定义，目前学界公认的是恩格斯的定义：数学是关于客观世界数量关系和空间形式的科学。这也是《义务教育课程标准》（以下简称《课标》）一直沿用的关于数学的定义，是在《义务教育数学课程标准（2011 年版）》中的第一句话。关于思想的定义，《现代汉语词典》这样解释：思想被解释为客观存在反映在人的意识中经过思维活动而产生的结果；《辞海》里称思想为理性认识；《中国大百科全书》视思想为相对于感性认识的理性认识结果。理性认识是认识过程的高级阶段和高级形式，是人们凭借抽象思维把握到的关于事物的本质内部联系的认识，主要包括概念、判断和推理三种基本形式。理性认识以抽象性、间接性、普遍性为特征，以事物的本质规律为对象，是人们在实践基础上对客观事物的普遍本质和一般性的反映。所以思想一般被看成认识的高级产物，是对事物本质的、抽象的、概括的理性认识结果。由此可见，数学思想可以界定为现实世界的空间形式和数量关系，反映在人的意识中经过思维活动而产生的结果。

上述定义哲学意味较浓，过于宽泛。若要从数学教育的角度来讲，数学思想应被理解为更高层次的理性认识，那就是关于数学内容和方法的本质认识，是对数学内容和方法的进一步抽象和概括。数学思想是从某些具体的数学内容和方法中提炼上升的数学观点，比一般的数学内容和方法具有更高的抽象和概括水平。这种理解具有教育实践价值，只有这样，我们研究“数学教学要重视数学思想的渗透”才更有意义和价值。从外延来看，数学思想还包括基于数学学科内容的思想、方法论层面的思想以及更高层次的数学哲学思想。

2. 数学思想的特征

理性认识之所以高于感性认识，是因为理性认识能反映、揭示事物普遍的、必然的本质属性和联系，这是理性认识的一大特点。数学思想作为一种理性认识，作为数学学科的“大概念”，是对数学对象本质属性及联系的深刻揭示，具有较高的概括性和抽象性。因此，数学思想除了是具体数学成果的本质体现，更是这些成果背后深层次的、共性的概括，这种概括性体现在数学知识的内部，它是数学知识的“质”与“核”，是数学知识迁移和内化的基础与源头，是沟通数学各分支知识的纽带与桥梁。例如，把一个圆分成若干等份，随着分的份数越来越多，圆就可以无限转化为一个长方形，从而通过长方形的面积来推导出圆的面积计算方法，是进一步抽象概括分割求和取极限的微积分思想，是众多学科发展的源头、核心。另外，这种高概括性还表现在数学知识的外部，它能沟通数学与其他学科的联系，对社会科学的建立产生了重要影响。

数学思想不仅是数学知识的根本，更是整个数学学科产生和发展的基础。日本学者米山国藏曾深刻指出：“数学的精神、思想和方法是创作数学著作、发现新的东西，是数学得以不断地向前发展的根源。”[①]

第三节　数学思想的价值

数学教学注重数学思想与方法的提炼，具有独特的中国数学教育特色。到现在为止，西方的数学教育界，还没有能够直接与之相对应的数学教育课题研究。

古人云：“授人以鱼，不如授人以渔。”

① 米山国藏：《数学的精神、思想和方法》，毛正中、吴素华译，四川教育出版社，1986。

数学中最主要的部分始终是思想方法，而这确实是人类共同的思想源泉，即使作家或艺术家们也可从中吸取营养。[①]

著名教育心理学家布鲁纳认为："不论我们选教什么学科，务必使学生理解该学科的基本结构。"所谓的基本结构就是"基本的、统一的观点，或是一般的、基本的原理"，"学习基本结构就是学习事物是怎样相互联系的"。对数学学科教育而言，这里的基本结构在一定意义上就是指数学的思想方法。

1．数学思想的重要性

从学习的本质上来讲，数学学习从根本上来说就是获得数学的思想和方法，促进思维的发展和提升，并用于指导工作和生活。国际科学教育委员会和国际数学教育委员会的联合研究成果指出："在内容的选择中，人们必须想到的不仅是我们希望学生获得的知识，而且要想到跟那些题目结合在一起的思想和方法"；"数学修养必须结合两个不同的方面：数学的思想方法和基本知识的范围。这种数学修养，更适合目前的需要"。苏联数学家、物理学家弗里德曼也认为："数学课程整个结构的基础应当是现代数学的思想和方法，最好能根据数学学习的目的和任务把这些思想和方法列入教学内容，并且对它们的掌握应当成为学生学习的直接目的。思想和方法最初以不展开的形式教给学生，但是随着学生年龄的增长，随着教学向前推进，思想和方法要逐步展开、丰富和充实。这些思想和方法组成数学教学内容的核心。数学教学的其他内容，应当是这些思想和方法的具体化和运用，是这些思想和方法的展开。"[②]

从终身受益方面来说，日本数学教育家米山国藏深刻地指出："学生们接受的数学知识，因毕业进入社会后几乎没有什么机会应用，所以通常是出校门后很快就忘掉了。然而，不管他们从事什么工作，唯有深深地铭刻于头脑中的数学的精神、数学的思维方法、研究方法、推理方法和着眼点等（若是培养了

① 路莎·彼得：《无穷的玩艺：数学的探索与旅游》，朱梧槚译，南京大学出版社，1985。

② 弗里德曼：《中小学数学教学心理学原理》，陈心五译，北京师范大学出版社，1987。

这方面的素质的话），却随时随地地发生作用，受益终生。”①

事实上，数学思想与方法在社会实践和科学研究中起着重要作用，如数学方法能够为科学研究提供定量分析和精确计算，能够为人类思维提供形式化语言。作为社会中的一员，在接受数学教育的过程中，要学习许多的数学知识，并不是因为这些数学知识在现实社会中能去解决具体的数、形等问题，而是因为我们需要汲取数学知识中蕴含的数学精神、思想，养成科学思维的习惯。现代生活是高度社会化的，而高度社会化的一个基本特点和发展趋势是定量化和定量思维。

从数学教学的角度来看，一堂课往往新就新在思维过程上，高就高在思想上，好就好在学生主动参与学习的深度和广度上。有思想深度的课，给学生留下长久的心灵激荡和对知识的深刻理解，以后即使具体的数学知识忘记了，但思考问题的方法和模式依然在，这样的数学教学才具有真正的长效性，真正能提高人的数学素养，这样的课堂才是真正的深度课堂。

当学生了解并感悟数学基本思想后再去学习相关的知识，这样的学习具有足够的稳定性，能更好地理解和掌握具体的数学内容。就解题而言，数学思想是解题思路的灯塔，是方向标。从教材的编排来看，数学知识的难度都是循序渐进、螺旋上升的，如在低年级学习概率统计、分类等概念，到了中高年级甚至高中学习又要赋予新的内容、新的内涵，但其中蕴含的基本思想是不变的。因此，数学思想是贯穿整个数学学习的一条主线，有了数学思想，数学知识便不再是孤立的、零散的、碎片化的知识。正如弗里德曼所说：“正是这种思想和方法反映数学的统一性，反映数学所有组成部分的共同性，这种思想和方法是数学的核心，是围绕它生长出许多数学分支的主根。”②

另外，从数学学科发展来看，一项重大数学成果的取得，都是“撼人心

---

① 米山国藏：《数学的精神、思想和方法》，毛正中、吴素华译，四川教育出版社，1986。

② 弗里德曼：《中小学数学教学心理学原理》，陈心五译，北京师范大学出版社，1987。

灵的智力奋斗的结晶”，往往与数学思想及方法的突破分不开。新的数学思想方法的产生和形成，不仅同数学自身的矛盾运动有关，还与社会实践、哲学思想、数学家个人奋斗等因素有着密切联系。

综上所述，重视数学思想的学习，能够更好地形成数学知识内在的结构体系，数学思想在数学教育和数学发展中发挥着重要作用。

2．数学思想的课程地位

纵观数学教学目标的发展史，可以看出，关于数学思想的目标发生了以下几次变化：从1903年的《癸卯学制》到1923年的《中学新学制数学课程标准》，都有要求学生掌握“数学的方法”的目标；但是1929年和1933年颁布的《课程标准》中就没有了这个具体要求；后来在《初中、高中数学课程标准（1941年版）》和《中学数学教学大纲（1952年版）》中重新恢复了这个目标要求，并修改为“数学思想”；很遗憾的是后来于1956年、1960年、1963年三次修订的《数学教学大纲》中，再次取消了数学思想与方法的目标要求。

时隔15年，在1978年2月经由中华人民共和国教育部制定颁布的《全日制十年制学校中学数学教学大纲（试行草案）》中，再次提出：“把集合、对应等思想适当渗透到教材中去。这样，有利于加深理解有关教材，同时也为进一步学习做准备。”在1980年5月大纲第2版中保留了上述要求。在1986年12月由中华人民共和国国家教育委员会制定颁布的《全日制中学数学教学大纲》中，把上述的文字修改为：“适当渗透集合、对应等数学思想。”1990年修订此大纲，维持了这一要求。

1992年6月，国家教育委员会制定颁布的《九年义务教育全日制数学教学大纲（试用）》中，“教学目的”明确规定：“初中数学的基础知识主要是代数、几何中的概念、法则、性质、公式、公理、定理以及由其内容所反映出来的数学思想和方法。”1995年5月第二版大纲维持了这一规定，同时第一次明确指出：“要注意充分发挥练习的作用，加强对解题的正确指导，应注意引导学生从解题的思想方法上作必要的概括”；“解决某些数学问题，理解‘特殊—一般—特殊’‘未知—已知’、用字母表示数、数形结合和把复杂问题转化成简单问题等基本的思想方法”。

1996年5月，国家教育委员会制定颁布的《全日制普通高级中学数学教学大纲（供试验用）》和2000年2月教育部制定颁布的《全日制普通高级中学数学教学大纲（试验修订版）》中，“教学目的”中明确指出“运用数学概念、思想和方法，辨明数学关系，形成良好的思维品质”。大纲还指出数学的概念和规律包括“公理、性质、法则、公式、定理及其联系，数学思想、方法”；在对解题进行指导时，应该“对解题的思想方法作必要的概括”。这是新中国成立以来对数学思想关注最多的两份数学教学大纲，体现了数学思想与方法在数学课程中的重要地位。

2001年，新一轮课程改革拉开了序幕，同年7月教育部制定颁布的《全日制义务教育数学课程标准（实验稿）》指出：“数学为其他科学提供了语言、思想和方法，是一切重大技术的基础”，“数学是人类的一种文化，它的内容、思想、方法和语言是现代文明的重要组成部分”，“通过数学教育，使学生能够获得适应未来社会生活和进一步发展所必需的数学知识（包括数学事实、数学活动的经验）以及基本的数学思想方法和必要的应用技能”。2003年4月教育部制定颁布的《普通高中数学课程标准（实验稿）》中，也把数学基础知识和数学基本技能“所蕴含的数学思想和方法”作为课程目标。这些都彰显了数学思想方法的重要地位。

《义务教育数学课程标准（2011年版）》总目标明确提出：“通过义务教育阶段的数学学习，学生能获得适应社会生活和进一步发展所必需的数学的基础知识、基本技能、基本思想、基本活动经验。”[①]

---

① 中华人民共和国教育部：《义务教育数学课程标准（2011年版）》，北京师范大学出版社，2012。

2022年4月新颁布的《义务教育数学课程标准（2022年版）》总目标部分关于“四基”的描述基本沿用《义务教育数学课程标准（2011年版）》的论述，可见对数学思想的认识保持了高度一致性，在此不再重复阐述。

梳理关于近代数学思想的发展可以发现，自20世纪90年代，中国数学教育已经形成了重视数学思想方法教学的共识：学习数学不仅要学习它的知识内容，而且要学习它的精神、思想和方法。

“在学校课程中数学的思想和方法应当占有中心的地位，占有教学大纲中所有的位数最多的概念、所有的题目和章节联结成一个统一的学科的这种核心的地位”。[①]

在数学思想方法教学和研究方面，我们还应更多地关注数学的“通性、通法”。一方面“通性、通法”跟数学思想方法是相通的，具有普遍意义；另一方面“通性、通法”比较具体，教师容易抓得住摸得着。如数系的运算律或者运算性质就是“数系通性”，后续到了中学多项式的运算性质是“数系通性”的进一步发展，代数方法就是有效运用运算律谋求问题的统一解法，整个代数学的基本主体就是“通性求通解”。

① 弗里德曼:《中小学数学教学心理学原理》，陈心五译，北京师范大学出版社，1987。

第二章
有思想的数学课的原理、要义、价值

第一节　有思想的数学课的原理

《义务教育数学课程标准（2011 年版）》把数学思想列为“四基”之后，新修订的《义务教育数学课程标准（2022 年版）》保留了 2011 年版的论述，由此体现了核心素养导向下的现代数学观、数学教育观和数学素养新内涵。为此，我们应在关注知识和能力的基础上，把数学思想与方法作为引领教学的根本，让数学思想显现出来，重在改变课堂教学形态，让数学学习彰显数学思想的力量。

1．数学的本质在于思考的自由

在数学飞速地向前发展的数百年中，人类的精神活动、人类的思维本性得以无限制的发展，强烈地激励着数学家们。通过不断的探索，数学家的思维超越了现实空间，一些自由想象的东西成了数学研究的对象。数学家康托尔说:“数学的本质在于思考的充分自由。”正是这个思想，使康托尔在超越了有限的世界之后以数学的严密性建立起了集合论，使几何学家能够研究超越我们想象之外的高维空间，使公理数学家能够建立起抽象的纯数学和种种特殊数学思维。这个思想将促使数学不断向前发展。正如大数学家庞加莱所说，“把纯数学看作人类精神的产物，以研究人们不熟悉的几何学和具有特异性质的函数为目的，从而，与自然状态相去越远，就越能够明确地揭示出人类精神能达到的境界，从而超越人类精神的本身”。

数学教学，重要的是让学生的思维得到发展，而思维的发展，决不能仅靠解题刷题完成，要让学生在学习知识的同时，感悟数学基本思想，掌握数学学习的基本方法，要将隐含在数学内容中的数学基本思想凸显出来，让学生的数学思维在深度学习中自由地发展和成长，从而逐渐形成其成长所必备的品格和关键能力。

2. 数学的特点

数学作为一门历史悠久、应用广泛的基础科学，它具有抽象性、精确性、应用广泛性三大特点。

一是数学的抽象性。抽象性在简单的计算中就已经表现出来了，我们运用抽象的数字，却不会把它们同具体的事物和对象联系起来。同样，在几何中研究的是直线，而不是拉紧了的绳子，并且在几何线的概念中舍弃了所有性质，只留下在一定方向上的伸长，所有几何图形都是舍弃了现实对象的所有性质只留下其空间形式和大小的结果。

数学具有抽象的特征。抽象并不是数学独有的属性，它是任何一门科学乃至人类思维都具有的特征。数学的抽象性还在于：首先，数学的抽象仅保留事物的量的关系和空间形式而舍弃其他一切；其次，数学的抽象性是经过一系列阶段而产生的，它们达到的抽象程度大大超过了自然科学中一般的抽象。数学本身大多周旋于抽象概念和它们的相互关系之中。自然科学家为了证明自己的论断而常常求助于实验，数学家证明自己的论断只需要用推理和计算。定理只有当它从逻辑的推论上严格地被证明了才能确定其在数学领域中成立。证明定理的这种要求贯穿在全部数学教学中，例如，你可以极精确地测量成千上万个等腰三角形的底角，但这并不能提供关于等腰三角形两底角相等的定理的数学证明，数学要求从几何的基本概念推导出这个结果。所以说，不仅数学的概念是抽象的、思辨的，而且数学的方法也是抽象的、思辨的。

二是数学的精确性。数学的结论本身具有很强的逻辑严密性，数学推理的进行具有很高的精密性，以至于这种推理对于每个只要懂得它的人来说，都是无可争辩和确定无疑的，从发展的角度来看，数学的严密性会随着数学内部的发展有适度变化。

三是数学应用的广泛性。数学的生命力源泉在于它的概念和结论尽管极为抽象，但它们是从现实中来的，并且在其他科学中、在技术中、在生活实践中，都有着广泛的应用。几乎每时每刻的生产、生活中都运用着普通的数学概念和原理。新课程标准也特别强调数学学习要基于现实生活的真实情境，重视数学与生活实际的联系。

第二节　有思想的数学课的要义

在交流的过程中，许多老师反映对现在提出的“四基”感到难以理解和把握。他们认为，过去教学中都是一直强调“双基”和三大能力，比较容易把握和评价，而现在提出的“四基”则让人难以领会。具体表现为，教师们擅长把握以精确性、可测性为特征的数学知识，而不擅长把握以模糊性、不可评价为特征的数学思想和数学方法；擅长把握以精确性、具体性为特征的解题过程，而不擅长运用以模糊性为特征的解释说明过程；擅长解决固定条件的“良构问题”，而不擅长解决发散思维的“劣构问题”。之所以出现这样的现象，就在于老师们普遍关注教材中容易把握、容易检测的陈述性知识，而忽略陈述性知识背后的程序性知识、策略性知识，没有用数学思想来引领课堂教学。

1．数学知识是模糊性和精确性的统一体

数学知识具有两面性，一面是精确性，另一面是模糊性。若从静态的角度来看，数学知识是确定的数学知识，但若从数学知识的本质以及数学知识的运动过程来把握，数学还应该包括以模糊性和动态性为特征的数学思想、数学方法和数学活动经验等。从广义上看，数学知识通常包括数学活动经验、狭义的数学知识（数学的概念、定理、公式、法则、定律、性质等）以及数学思想与方法这三个部分，数学活动经验是最基本的数学知识，狭义的数学知识和数学思想与方法是在数学活动经验基础上通过抽象、概括而产生的，狭义的数学知识具有精确性，而数学活动经验、数学思想与方法则具有模糊性。这三者之间的关系可以用图2来表示。

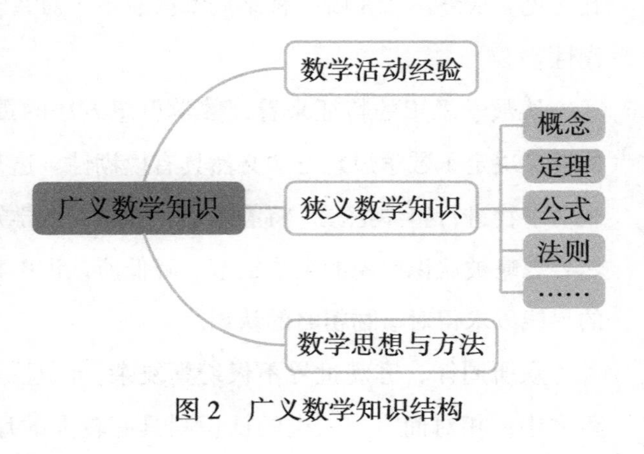

图2　广义数学知识结构

从数学思想的本质来看，数学思想具有模糊性。休谟认为，一切观念，尤其是抽象的观念，天然都是微弱的、暧昧的，人心并不能强固地把握它们，它们最容易和其他相似的观念相混淆，而且在我们习用了任何一种名词以后，它虽没有任何清晰的意义，我们也容易想象它附有一种确定的观念。[①] 如前所述，尽管目前人们对于数学思想方法的认识还存在着很大的差异，但无非是把它看成是一种观念、一种策略、一种经验，既然是观念、策略或者经验，它就是模糊的，往往很难用精确的方法去研究，也很难采用确定的标准去衡量，更难以去领悟它、掌握它、实施它、检测它和评价它。

从数学思想产生的过程来看，数学思想方法常常被看作程序性知识或者策略性知识，它总是与人的数学活动紧密交织在一起，是人的数学活动经验的理论提升。而人的数学活动是一个连续变动的过程，这就必然会带来“以有

① 休谟:《人类理解研究》，关文运译，商务印书馆，1957。

涯随无涯”的尴尬。人的数学活动，要么如芝诺那样对连续体进行无限切割而最终得出“飞箭静止”的悖论，要么如“盲人摸象”那样或多或少可以求得一孔之见，最终不管是哪一种结局都摆脱不了对数学思想方法认识的局限性与模糊性。

从数学思想的特征来看，数学思想方法的重要特征之一是整体性，而整体性又决定了数学思想方法必然具有模糊性。这是因为数学思想主要立足于宏观对事物进行整体把握，将静态的、孤立的数学知识联系和组织起来。这就必然要忽略被认识对象的某些细节、降低所认识事物的精度、淡化或模糊事物间的界线以求得对事物粗略的认识。

众所周知，客观世界不仅纷繁复杂，而且始终处于连续、无尽的变化过程之中；相对而言，人类的认识则具有较大的片面性、局限性和有限性。在一定的认识范围之内或一定的技术水平之上，人们对事物的认识无法达到足够的精确程度，因此只有扬弃了事物的某些侧面、某些环节、某些细节，甚至是某些阶段而着眼于事物的整体，淡化或模糊事物间的界限以求对事物粗略的认识，才有可能认识事物的本质和规律。这就决定了人们通过数学活动所获得的数学知识和数学基本思想也必然带来一定的模糊性和不确定性。

另外，从数学知识的表现形式来看，它所反映的数学内容虽然是精确的，但用于描述或表达数学内容的语言却具有明显的模糊性。试想，如果没有以模糊性为特征的人类语言来理解数学符号和数学关系，那么数学内容就只能是一系列没有任何意义的符号堆砌。

2. 数学方法是实用性和抽象性的统一体

方法是指人们为了达到某种目的而采取的手段、途径或行为规则，具有程序性、规则性、可操作性、模式性等特征。方法因能解决问题而存在。对于数学方法的内涵，逻辑上来讲，只需在“方法”前面加限制词“数学”，即数学领域中的方法或有关数学的方法就可以了。但若要理解数学方法，就不是简单地在“方法”前加个定语就行了，这远不能深刻揭示数学方法的内涵。有观点认为，数学方法是人们从事数学活动时所使用的方法，是指解决数学问题的途径、策略和手段。有观点认为，将数学方法只看作是解决数学问题的方法，仅是数学方法这一概念外延的一部分，由于用数学去解决实际问题也需要有一定的方法和程序，所以数学方法这一概念的外延的另一个方面是用数学去解决实际问题的方法。还有观点认为，从数学方法形成过程来描述数学方法，认为人们通过长期的实践，发现了许多运用数学思想的手段、方法或程序，并达到了预期的目的，这种手段、方法或程序就是数学方法。

从数学教育任务的角度来看，数学方法应当被看成从实用数学的角度提出问题、研究问题和解决问题（包括数学内部问题和实际问题）的过程中，所采用的各种手段或途径。数学知识内容是数学方法的基础和载体，没有数学知识内容作基础，数学方法就无从谈起。从数学的产生来分析，不是有了某个数学知识之后，才产生某种方法，往往是知识和方法同时产生，方法也是知识内容的一部分。由此可见，数学方法具有很强的实用性，基于现实问题、现实情境、现实背景而产生。

数学方法不仅具有高度的抽象性，而且有些数学方法技巧复杂，不懂数学语言的人，即便知晓其方法程序，也很难将之运用到具体问题中。如因式分解的十字相乘法，初学时即使懂得原理，也难以运用。这说明，数学方法的特殊性在于数学方法不在记忆，重在理解，只有理解了，才可能用好。作为一名数学老师，我们最重要的就是明明需要理解的，却偏偏教成了死记硬背的，这样的教学最可怕，也是坚决要杜绝的。

有学者把知识分为陈述性知识、程序性知识、策略性知识，而数学陈述性知识与数学方法差别最大，数学策略性知识与数学方法最为接近。当前我们所使用的数学教材上呈现的多是陈述性数学知识，只有运用这些知识去解决实际问题，才能形成数学方法。

3. 数学思想与数学方法的关系

数学思想与数学方法之间既有紧密的联系，又有明显的区别。

首先，数学思想和数学方法之间具有必然的联系。这种联系表现为它们都与数学知识有着密切的联系：数学知识是数学思想的源头和体现，也是数学方法的基础和载体。另外，在数学方法里面，一般性数学方法容易上升为一种思想，如化归方法常看成是化归思想，化归思想是解决各种问题中所体现出的转化方法的概括。其实，解决任何问题都需要方法，如果解决许多不同的问题使用的方法大体相同，其内涵几乎一样，那么这种方法就常被概括为数学思想。

其次，数学思想和数学方法之间具有不同的属性和功能。一般以为，数学方法是解决数学问题的规则和程序，具有明确性、具体性、操作性和可仿效性，是理论用于实践的中介，是数学思想的具体化表现。如笛卡尔所说："我所说的'方法'意思指可靠的规则，它们是易于应用的，并且如果人们严格地遵循它们，就绝不会把假的当作真的，或是无效地耗费人们的精神上的努力，而将逐步和不断地增加人们的知识，直至达到对人们能力范围内每一事物的真实理解[①]。"数学思想是对数学知识、方法、规律的一种本质认识，具有概括性和普遍性的特点，往往靠理解、感悟获得，是数学方法的灵魂。数学方法相对灵活，而数学思想相对固定，一种数学思想指导下可以生成许多具体方法。从它在数学认识活动中的功能来看，数学思想指出数学认识活动的运行方向，规定思维的大致路径，正如人们常说的"指导思想"或"思想指导"；数学方法贯彻数学思想，使数学认识活动顺着数学思想给出的方向和大致路径行进。思想决定方法的选择，且须由方法贯彻。

最后，数学思想和数学方法之间具有相对性。同一项数学成果，当我们注重它的操作意义，用于解决问题时，称之为数学方法；当我们注重它在数

① 尼古拉斯·布宁·余纪元:《西方哲学英汉对照辞典》，王柯平、江怡等译，人民出版社，2001。

学体系中的地位、价值或内涵时，称之为数学思想。使用“数学思想”这个词时，更多的是从问题解决策略的角度讲的，它联系着数学的操作活动行为。如对方程而言，由于出发点不同，有时说方程思想，有时称方程方法；再如统计，宏观角度看是统计思想，微观角度看是统计方法。

值得一提的是，蔡上鹤先生还区分了“法”与“招”。所谓“招”，是指解决特殊问题的专用计策或手段，纯属于技能而不属于能力。“招”的教育价值远低于“法”（这里的“法”指通法）的价值。“法”的可效仿性带有较为普遍的意义，而“招”的普适性要差得多，更多的是针对个别问题的特殊方法，实施“招”要以能实施管着它的“法”为前提。例如，武侠小说里经常提到一些居心叵测的师父对待徒弟“给‘招’不给‘法’”的现象，徒弟学到的永远只是一些皮毛，学不到真正的精髓，成不了真正的“武林高手”。

综上所述，数学思想和数学方法的联系是明显的，正如苏联数学教育家弗里德曼所说：“任何一种思想都是在科学的个别方法中——在认识和实践中获得一定的结果，在理论方面和实践方面体现出来。”[①] 从数学教育的角度来看，区别数学思想与方法没有太大意义。哪个是方法，哪个是思想，非去做一番考证和辨析大可不必。与其“各自为政”，不如“珠联璧合”，多数时候都可以统一成为数学思想方法。在概念区分上，我们认为应该“淡化形式，重视本质”，这样有助于教师及学生更好地把握和应用，逐步内化为素养。

第三节　有思想的数学课的价值

对小学数学课堂教学的调查和研究发现，当前教学普遍存在重“形式”轻“本质”现象，很多教师在组织形式、表达方式等一些非数学本质方面投入

① 弗里德曼：《中小学数学教学心理学原理》，陈心五译，北京师范大学出版社，1987。

了过多的精力，未能让学生的数学学习触及学科的本质，学生获得的只是浮于表面的陈述性知识，而对更为重要的程序性、策略性知识却知之甚少，这违背了数学教学的本质。

有思想的数学课，就是要让数学思想从隐性走向显性，用数学思想来引领课堂教学，促使整个课堂教学的视角发生改变，不再仅仅拘泥于数学知识和能力的掌握，而要重视数学思想的感悟和习得，在探索活动中积累经验，以核心素养的养成为导向，借助数学思想这个抓手，改变当前课堂教学的形态。

1. 数学思想的形态特征

数学思想有三种不同的形态：作为知识的静态数学思想、作为过程的数学思想、作为思维品质的数学思想。其一，作为知识的静态数学思想。静态的数学思想实际上是指教材中呈现的各种概念、定义、公式、定律、法则、方法等基础知识和基本技能，这些既是数学思想载体，又是数学思想的具体体现。比如，用方程的方法解题，其背后就是方程思想；把实物抽象成字母或符号表示，其背后就是抽象、模型等思想；借助实物图、示意图、线段图、常见图形来解决问题，其背后是数形结合思想等。其二，作为一种过程的数学思想。数学作为学生“成长的载体”，使得学生通过自己的发现获得新的数学知识，在探究的过程中领悟数学概念和方法的演变过程及价值。这样一种状态下的数学，已经从静态走向了动态，从注重知识获取的结果到兼顾知识获取的过程，这种数学思想完全是非技术性的，灌输完全不起作用，因为它表现为对知识的体悟、经验的积累、方法的运用，必须让学生经历解决问题和再创造的过程，才能把静态的知识内化为一种意识和能力。其三，作为一种思维品质的数学思想。从终身受益方面来说，数学思想和方法的重要性曾被米山国藏深刻地指出:“纵然是把数学知识忘记了，但数学的精神、思想、方法也会深深地铭刻在头脑里，长久地活跃于日常的业务中。”人们在社会生活中需要数学式思维，也需要用数学的思想、精神和方法去认识世界。目的明确、思维清晰、行为准确是各行各业的社会人都不可缺少的素质。而数学精神、思想和方法是造就这些素质不可缺少的元素。

数学思想的以上三种形态，作为静态的数学思想，相当于名词形式；作为过程的数学思想，相当于动词形式；作为思维品质的数学思想，相当于形容词形式。这三种形态特征，既意味着对基础知识和基本技能的坚守，更意味着教与学方式的变革以及对教学目标和教学评价的新认识与新发展。

2. 数学思想的教学价值

学生每天花费大量时间学习，而缺乏代表性、整体性与整合性的学习会导致学生知识体系薄弱，课业负担过重。究竟什么原因造成了这样的现状？我们需要从学生学习的真实状态来反思教师的教学行为。以“图形与几何”教学为例，多数教师在讲授这部分内容时过于注重让学生记忆数学概念与数学公式，忽视了运用转化思想去系统地学习“图形与几何”内容。这种费时、低效的学习很难提高学生的知识迁移与运用能力。究其原因，在于教师对教材的解读能力欠缺，学科理解能力不足，思想方法认识不够。要突破课堂教学瓶颈，让学生深度学习，必须深入思考和追问数学学科教学本质与灵魂究竟是什么？更进一步，我们还需要去思考课堂教学改革的内在逻辑究竟是什么？课堂教学改革向纵深推进的突破口究竟是什么？要回答这几个问题，我们必须回到课堂教学的“原点”去思考，因为“原点”具有“起点”与“终点”的双重性：作为起点，是事物发展的内在逻辑起点，是具有生命力的核心的基本要素；作为终点，是起点发展长期所积累的结果，是起点所追求的终极目标。因为，抓住了原点，就抓住了问题的本质。那么，该如何回到“原点”呢？我们必须回到学科知识、学科能力、学科思想方法上来思考。学科知识重在解决知与不知的问题，学科能力重在解决会与不会的问题，学科思想方法则是搭建学科知识与学科能力的桥梁，也就是说，学科思想方法既是学科知识组织与转换的线索与依据，又在很大程度上决定着学科能力的发展水平和发挥状况等。

一是要转变学科理解方式。《课程标准（2022年版）》指出："课程内容的选择要符合学生的认知规律，有助于学生理解、掌握数学的基础知识和基本技能，形成数学思想，积累数学基本活动经验，发展核心素养。"数学思想方法是数学学科的精髓和灵魂。基于数学思想方法教学可以改变教师学科教学观，让教师有意识地对教材进行思想方法的挖掘，深入研究和思考数学基本思想以及数学本质等核心问题，并将思想方法渗透于课堂教学中，最终实现教师从浅表知识教学与技能训练转化到教学思想与教学方法上来。

二是改变学生的学习方式。对数学思想方法的学习和感悟的目的是把学生从机械、零散、低效的学习中抽离出来，从数学语言与数学思维两大方面提升学生数学学科核心素养。在学习过程中，学生不仅要明白应学会什么，还需要思考为什么学，并以思想方法为主线贯穿整节课的学习。这种以思想方法为学习暗线，以整合式学习为主要途径的深度学习，让学生摆脱了单纯记忆概念与数学公式的枯燥学习方式，使学生的思考能力、思维方式、实践能力都得到了较大提高。

三是提升课堂教学内在品质。基于数学思想方法的教学，让教师们逐渐改变了从关注"点"的教学转变为更加关注"整体"与"思想"的教学。教师在充分研读教材的基础上，在教学目标中突出数学思想与方法，在教学内容中挖掘数学思想与方法，在教学情境中蕴含数学思想与方法，在教学过程中以"核心问题＋子问题群"的方式展开，由蕴含思想方法的核心问题统领整节课，并以若干有层次的子问题让学生体验与领悟数学思想方法，在练习、作业、复习中让学生应用与反思。这样的课堂思路更加清晰，学生学习活动更加聚焦，学习内容更加有深度，课堂教学逐渐触及学科本质。

问题是数学的心脏，方法是数学的行为，思想是数学的灵魂。未来的数学课程体系应该是"数学思想方法与数学知识"的有机结合。数学思想是数学内容的精髓，是知识转化为能力的桥梁，使学习者在处理数学问题时又思又想：由思激疑、在思疑中启悟、认识在启悟中升华、思维在省悟中开拓、能力在领悟中形成。对数学思想的深刻领悟是一种享受，数学思想更是数学教学中处理问题的基本观点，是数学基础知识与基本方法本质的概括。

第三章
让课堂彰显思想的力量

第一节 以数学思想作为引领课堂教学的根本

《课程标准（2011年版）》把数学思想列为“四基”之一，由“双基”到“四基”，是对课程目标全面认识的重大进展，是在数学教育目标认识上的一大进步，体现了现代数学观、数学教育观和数学素养新内涵。“数学思想是数学的核心。每一门数学学科都有其独特的数学思想，赖以进行研究（或学习）的导向，以便掌握其精神实质。”[①]也正因为如此，我们应当重视如何针对具体的知识内容揭示出其中所蕴含的数学思想，并以此带动具体知识内容的教学，在关注知识和能力的基础上，把数学思想与方法作为引领教学的根本，而不是脱离具体的教学内容泛泛地去谈所谓的“数学基本思想”，更不应刻意地去从事“事后诸葛亮”式的“研究”，以满足于如何能够通过“对号入座”将自己的各个教学实例贴上相应的标签。尤其是“如何针对具体的知识内容揭示出其中所蕴含的数学思想，并以此带动具体知识内容的教学”，可被看成教学工作创造性质的一个重要表现，因为这依赖于教师的深入研究，是一种原创性的劳动。让数学思想显现出来，通过用数学思想带动具体知识内容的教学，我们即可真正做到“教活”“教懂”“教深”，让学生看到真正的数学活动，帮助学生很好地掌握相应的数学知识，包括深层次的数学思想与方法[②]，让数学学习彰显数

① 张奠宙、朱成杰：《现代数学思想讲话》，江苏教育出版社，1991。
② 郑毓信：《小学数学概念与思维教学》，江苏凤凰教育出版社，2014。

学思想的力量。

1. 以数学思想引领教学目标

教师在关注知识和能力的基础上，把数学思想与方法作为引领教学的根本，并通过这些精神活动以及数学思想、数学方法的活用，反复地锻炼学生的思维能力，那么，纵然是把数学知识忘记了，但数学的精神、思想、方法也会常常地铭刻在头脑里，长久地活跃于日常的工作学习中。[①] 理解了这一点，我们就能从思想上明确认识数学思想在小学数学学习中的重要地位，树立“数学思想统领课堂教学”的意识，领会数学思想与方法是数学教学的高端目标。事实上，“用进废退”，学生在小学、初中、高中等阶段接受的数学知识，因毕业进入社会后几乎没有什么机会应用，所以通常是出校门不久就忘记了。然而，不管他们从事什么工作，深深铭刻在头脑中的数学精神、数学思想和数学方法，却随时随地发挥作用，使他们终身受益。但是，很多教师把基础知识、基本技能作为课堂教学的唯一目标，仅从教学内容的角度来确定教学思路，在导入、新授、巩固、拓展、提升各个环节，把知识的掌握和技能的训练当作核心。因此，要实现“以数学思想作为引领课堂教学的根本”这一目标，需要在确立教学目标时，将“数学思想”融入教学目标话语体系。教学目标是课堂教学活动的出发点和归宿，是对教学将使学生发生何种变化的明确表述，是指在教学活动中期待得到的学生的学习结果，在教学过程中，教学目标发挥着十分重要的作用，所有的教学活动都是以教学目标为导向，且始终围绕实现教学目标进行的，这就要求我们确定教学目标时不仅要有战术意识，更要有战略意识，不仅要关注一节课上知识点的学习与技能的训练，更要关注一个单元、一个学期乃至整个数学学习过程中需要落地的数学思想、数学方法的习得。

与具体数学知识密切相关是数学思想最为重要的一个特征，数学思想与

---

① 米山国藏:《数学的精神、思想和方法》，毛正中、吴素华译，四川教育出版社，1986。

数学知识相比又反映了更深层次的理解，从而把“数学思想”看成相关“数学知识”的核心，“数学思想”与“数学知识”相比具有更大的“潜在性”，也具有更普遍的意义。这就为我们实现“以数学思想引领课堂教学”提供了可能，而这种可能就发生在我们把视角从陈述性知识转向程序性知识、策略性知识，把教学的重点转移到关注数学基本思想、关注学生数学核心素养的形成之时。例如，北师大版小学数学三年级上册“搭配的学问”，教材提供的问题情境相对简单：三件上衣和两条裤子，如果一件上衣配一条裤子，一共有几种不同的穿法？如果将问题解决视为唯一目标，那我们的认识是肤浅的，教学是简单、浮于表面的，这也是小学数学教学的难点，即怎么用最简单的素材上出最富思想内涵的课。想一想，在这节课中蕴藏着哪些数学思想呢？在回答这个问题之前，我们需要再想想“数学基本的思想”包含哪些内容。郑毓信教授在《小学数学概念与思维教学》一书中是这么说的，从“数学抽象的思想”里派生出来的有分类的思想、集合的思想、变中有不变的思想、符号表示的思想、对应的思想、有限与无限的思想等；从“数学推理的思想”派生出来的有归纳的思想、演绎的思想、公理化的思想、数形结合的思想、转换化归的思想、联想类比的思想、普遍联系的思想、逐步逼近的思想、代换的思想、特殊与一般的思想等；从“数学建模的思想”派生出来的有简化的思想、量化的思想、函数的思想、方程的思想、优化的思想、随机的思想、统计的思想等。[①] 基于郑教授的阐述，我们可以开始思考在“搭配的学问”中该如何设置教学目标才能更好地实现“让数学思想引领课堂教学”，引入环节的目标不仅是激趣，更重要的是引导学生学会“用数学的眼光看问题”，把握事物的本质并将其抽象成数学的研究对象，经历数学抽象的简约阶段；实物操作环节的目标不在于得出几种搭配方式，更重要的是引导学生思考如何把复杂的问题简

① 郑毓信:《小学数学概念与思维教学》，江苏凤凰教育出版社，2014。

单化、条理化，在这个过程中教师要引导学生运用“分类思想”；符号表征环节的目标相对清晰，利用图形、符号等表述自己的思考过程，符号表示的思想显而易见。在整个教学的过程中，探究方法在不断地优化，这就是“优化思想”的生动例子，用这样的方法去教学，我们或许就不会觉得在小学阶段“数学建模的思想”很难落地，从现实世界中具体的事物到简约阶段的卡片，再到简约阶段的符号和普适阶段的模型，我们就在不知不觉中带学生经历了一次数学建模的全过程，实现了从“具体到抽象再到具体”的高通路迁移。完成了衣服搭配后启发学生：带着刚才的学习经验，想一想，该怎么解决早餐搭配的问题呢？通过这样的举一反三，让学生感受到生活中有很多事，看起来风马牛不相及，但其实背后的道理是相通的，深挖下去，在不同的问题背后能找到相同的结构，达到举三通一的效果。在这里又能明显看到归纳的思想、联想类比的思想，特别是，从生活中吃穿的搭配，跳跃到“拉动纸条，看看可以组成哪些两位数？”这是本堂课学生思维品质提升的一个重要节点，从生活中具体的案例真正走向抽象的数学世界，实现纵向的“数学化”。这么梳理下来，这节课蕴含的数学思想实在是太丰富了，当我们把这些思考写进教学目标，融入教学设计，落实在教学组织中，一节高品质的数学课便脱颖而出了。再如，在探究学习“多边形的面积计算”时，带着“以数学思想引领课堂教学”的思考，不仅要让学生明晰平行四边形、三角形、梯形等常见图形的面积计算公式或计算方法，更重要的是要让学生在学具操作、观察比较、猜想验证、应用提升的过程中感悟、体验等积变形的转化思想。教学目标如果没有和上位的“大概念”关联，课堂教学就会显得浅显、单薄，不要害怕学生听不懂，越是上位的概念越抽象，理解起来越困难，但恰恰因为这样就更需要在实际教学中不断通过具体的案例去强化学生对这些概念的理解，从而让概念扎根于学生心中。

由于“数学思想”反映了主体对于具体知识内容的深度理解，因此，数学思想的教与学，不在于如何无一遗漏地列举出各个“数学思想”，而是要努力做到“数学思想的教与学，不应求全，而应求用”。作为教师，我们要通过学习和实践，明晰数学思想的内涵、特征及教育价值，把握数学教材中主要的数学思想及其课程动态，创造性地从数学思想的维度分析教材、设计学习活动。数学知识、技能承载着数学思想目标的实现，只有深入研究，才能把握数学内容中蕴藏的数学思想和方法，为学生提供充实、完善的数学思想学习资源，通过长期、有意识、有计划地培养，“数学思想引领课堂教学”的目标才能实现。

2. 以数学思想引发学生思维

郑毓信教授在《小学数学概念与思维教学》一书中指出数学课程内容包括三个方面：其一，定理、公式、法则、概念等数学活动的结果。只要学生的基础没有缺陷，智力没有缺陷，通过让学生去看书、去练习，是可以学会这些数学结果的。其二，是得到数学结果的过程。数学概念、公式是怎么来的，学生需要在教师的带领下一起推导，共同经历数学知识得来的全过程。其三，在结果和过程的后面，推导出结果的过程中蕴含的数学思维方法。归纳推理、类比这些教材没有明示的，学生要在老师的指导下慢慢地去悟。[①] 仔细品读郑毓信教授的这段话，我们不难发现，在实际教学中，教师应把重心放在促进学生更为积极地去思考，逐步地学会数学的思维。数学教学不应停留于动手（实践），而应主要致力于促进学生“动脑”。我们倡导的“以数学思想引领课堂教学”，也一直强调“以数学思想引发学生思维”。例如，学习“圆柱的侧面积”时重点应该放在哪？如果只是落在得出侧面积计算公式上，这显然是下乘的教学，诚如郑教授所说，这些数学结果，学生去看书、去练习就可以学会，机械应用是没有问题的。通过“剪”“展”“联”等数学探究活动（见图3），引导

① 郑毓信：《小学数学概念与思维教学》，江苏凤凰教育出版社，2014。

学生发现圆柱侧面展开以后是一个长方形（或平行四边形），进而发现圆柱的高和圆柱的底面周长与展开后长方形（或平行四边形）的长与宽（或底与高）之间的关系，从而推导出圆柱侧面积该方法仅关注于一个知识点，缺乏关联思维，未形成迁移能力，是中乘的教学。上乘的教学法，可以从“化曲为直”的数学思想着手，引领学生的思维发展。教师可以先展示圆的周长的计算方法推导过程，唤起学生已有的数学学习经验。著名教育家奥苏贝尔说：“如果我不得不把全部教育心理学还原为一条原理的话，我将会说，影响学习的唯一的最重要的因素是学习者已经知道了什么，教育要探明这一点，并据此进行教学。”当学生头脑中关于“化曲为直”数学思想的记忆被唤起以后，教师可以顺势引导学生思考：“借助刚才的经验，想知道圆柱的侧面积如何计算，该怎么办呢？”这是“联想类比”思想的培养，鼓励学生去发现“事不同，但道理是相同的”道理，其实也就是其中蕴含的数学思想是相同的，用数学思想带动具体数学知识内容的教学，提升学生思维的品质。同时，从“圆的周长”联想类比到“圆柱的侧面积”，这样的思维过程对于学生而言，是真正可以理解的、可以学到的和能够加以推广应用的，将数学课真正“讲活”“讲懂”“讲深”，不仅能使学生掌握具体的数学知识，也能帮助学生深入领会并逐渐掌握内在的思维方法，特别是使学生深切感知到思维方法的力量，将来再遇到可“化曲为直”的现实情境，学生就可以快速地调取已有的经验，实现“高通路迁移”，真正起到举一反三的作用。通过这个案例，我们再次体会了“以数学思想引领课堂教学”的意义和价值，知识本身并没有力量，只有当我们用思维方法的杠杆去撬

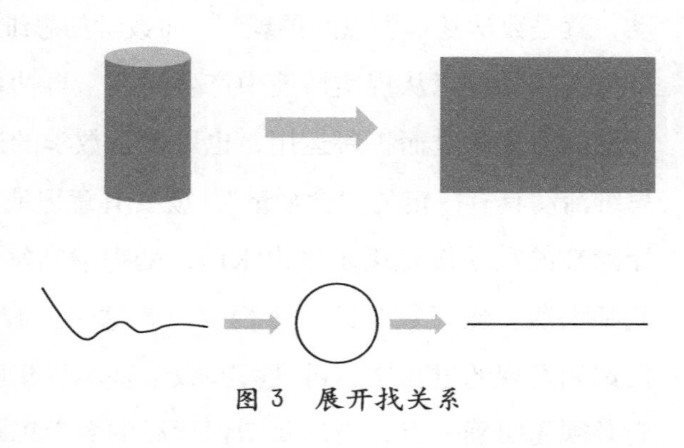

图 3　展开找关系

动知识、解决问题时，才能展现知识的力量，达到智慧的生成。

孙晓天教授指出："学生在探索、挖掘和发现的学习过程中产生的思维活动，就是数学基本思想的再现。"[①] 而数学的思维活动往往都是围绕解决问题展开的，其既可以从现实情境中产生问题，再抽象成数学问题，然后形成解决问题的方法，进而扩展运用，也可以是数学的逻辑推演。但不管如何，要让思维活动具有一定的"含金量"，就要有意识地围绕数学基本思想来展开，并让隐性的数学思想逐步浮出水面，变得清晰鲜明。例如，"24 时计时法"是北师大版三年级数学的一项内容。就这一内容而言，我们希望学生在探索、挖掘和发现的过程中，再现哪些数学基本思想呢？在回答这个问题之前，我们必须先明确一点，当论及知识背后的数学思想时，我们一定要跳出具体内容从更大的范围去进行分析思考，因为，如果所说的思想不具有普遍意义的话，相应的研究就完全没有必要，更不能被看成所谓的"基本思想"[②]。克莱因倡导高观点下的初等数学教育，那么在"24 时计时法"的教学中，我们该以怎样的"高观点"去看呢？一是"量化的思想"，现实生活中有精确计时的需要，但时间是流动的，无法让它停滞下来让我们去"度量"，这是"时间的记录和计算"与一般"度量问题"的一个重要区别，也是真实情境中产生的真问题。同时，要怎样计时需要考虑的不仅仅是时间的流动性，还要考虑到由于目的不同，人们有时需要的并非"精确计时"，而是"相对计时"，即这是一天中的哪个时段，这是发生在一年中的哪个季节等。在思考、探究这些问题的过程中，"循环计数"这一计时法的重要特征自然派生，这也让原先单向的、向未来无限延伸并一去不复返的时间演变成了"循环数"，而这种"循环"事实上是数学抽象的结果，也是一种简化。以"度量问题"为背景去思考，使学生在探索过程中的思维活动逐步走向深刻。二是"变换的思想"，表

① 孙晓天：《关于数学基本思想的若干认识与思考》，《江苏教育》2016 年第 12 期。

② 郑毓信：《小学数学概念与思维教学》，江苏凤凰教育出版社，2014。

征方法的多样性是一种普遍的数学现象，如“1 时 =60 分 =3600 秒”“1 吨 =1000 千克 =1000000 克”“1 米 =10 分米 =100 厘米”等，无论是计时问题还是度量问题，人们在现实中都必然会使用多种不同的方法和度量单位，这就必然会导致人们必须面对“如何在不同的表征之间进行转换这样一个问题”，这正是学生学习计时法的难点之一。从对应的观点来看，“多对应于一”，存在不确定性，可能发生歧义，又与“十进制计数法”的习惯不符，讲道理不容易转换，学生学起来比较困难，因此我们在教学中应对此予以足够的重视。当我们清楚地认识到隐藏在具体数学知识内容背后的数学思想时，在教学中就能做到有备无患，构建不同知识之间的联系。解决“循环计数”中“多对应于一”这一难点，如果想只在“24 时计时法”这一课内容中实现，对教师和学生而言那必然是困难的，但如果在每一次学习“度量”相关问题的时候，都能做到“以数学思想引领课堂教学”，学生慢慢发现“表征方法的多样性”是普遍现象，也会慢慢理解“如何在不同的表征之间进行转换”。同时，这一理解还能迁移到其他知识的学习上，如学生学习分数的主要困难是同一个分数有着多个不同的表征，然而这又恰好构成了“通分”的直接基础，如果学生很好地掌握了“多”与“一”之间的这种辩证关系，就能很容易地进行分数的运算。

在实际学习中，有些内容不单单指向某一个思想，还包括了几何直观、推理能力及模型思想。如教学“画图解决问题策略”的内容时，其中蕴含的不仅仅是数形结合的思想，还蕴含着推理的思想、化归的思想。推理在几何中经常被运用，在数与代数中也经常用到，是小学数学教学中常用的思维方式，比如“判断 255 是不是 3 的倍数”的过程就是推理，“因为一个数各个数位上的数字和是 3 的倍数，这个数就是 3 的倍数”这是大前提，是学生已知的一般原理。“255 各个数位上的数字和是 12，12 是 3 的倍数”这是小前提，是学生正在研究的特殊情况，“所以 255 是 3 的倍数”这是结论，是学生根据一般原理对特殊情况做出的判断。在解决“255 是不是 3 的倍数”这个问题的过程中，学生经历了完整的演绎推理全过程，这也是演绎推理的一般模式——三段论。类似的情况不胜枚举，张景中院士曾说：计算和推理是相通的，计算中有方法，方法里体现了推理，推理是抽象的计算，计算是具体的推理。但是我们在教学中常常会忽略通过“口述”“书写练习”等形式在日常教学中培养学生的推理习惯，比如学习“20 以内的退位减法”时，“看减法，想加法”是用加减之间互为逆运算的方法来计算的。但学生常常把这个过程简单表述为“因为 8+9=17，所以 17−8=9”，这里其实没有把“加减之间互为逆运算”这个大前提表述出来，如果引导学生表述时加上这个条件，就可以更好地帮助学生经历一个完整的演绎推理过程，发展学生的推理意识，衔接中小学数学教学。“以数学思想引领课堂教学”要努力让学生在获取数学基础知识和基本技能的活动中，逐步体验数学思想，在应用数学知识的过程中进一步感悟数学思想，逐步学会“数学地思考”，逐步形成科学的态度、理性的精神、创新的意识。

3. 以数学思想引领回顾反思

教学不仅要让学生有所收获，更应当注意分析学生获得的究竟是什么，荷兰著名数学家、数学教育家弗赖登塔尔曾明确地指出，“学生完全可能通过操作对概念进行运算，但不知道自己在做什么”，学生经由数学活动获得的未必是数学的活动经验，甚至完全和数学无关，所以，我们要特别重视如何能够促进学生由“经历”向“获得”转化，重视如何帮助学生实现思维发展与“活动的内化”。要实现上述目标，必须引领学生进行反思性的活动。在弗赖登塔尔看来：只要儿童没能对自己的活动进行反思，他就达不到高一级的层次。数学化一个重要的方面就是反思自己的活动。[①] 我们习惯把教学的重点放在课

① 弗赖登塔尔：《作为教育任务的数学》，上海教育出版社，1995。

堂的“前半段”，即新知识或新技能的学习，但也应该重视课堂教学的“后半段”，基于这个视角，“以数学思想引领课堂教学”也就意味着我们同样强调“以数学思想引领回顾反思”，促进数学思维从较低层次向更高层次发展。例如，在进行“20以内的进位加法”单元的整理与复习教学时，不少教师在整理后通过各种背诵方式让学生达到脱口而出，达到熟练口算的目标，这是不够的。如果以数学思想来引领评价和反思，在整理知识后，教师应该让学生去观察比较，发现规律，交流心得体会。通过交流活动，学生发现每一列算式一个加数不变，另一个加数不断加1，和也随着加1……用这种方式让学生感受“一个加数不变，另一个加数变大（或小），和也跟着变大（或小）”，初步渗透函数思想。学生通过思考，厘清了进位加法的规律，了解了算式间的关系，加深了对函数思想的感受，提高了思维水平。对于一节课或一个知识点的学习，学习的尾声并不是结束，而是一个对原有认知结构的不断丰富、同化的过程。与“戛然而止”相比，适时地求同，求不变，以数学思想引领学生进行反思，基于数学思想建立起高通路迁移通道，在让学生感受数学学习魅力的同时，为学生带来更为丰富的思维营养，也为培养学生的创新意识打下良好的基础。以“角的度量”一课为例，当学生已经了解了量角器的基本结构与量角基本方法后，如何让学生从“方法”走向“思想”？这就要对比地学、关联地学。对于测量，学生是有丰富的基础的，小学一年级学习了“长度如何测量”，二年级学习了“时间如何测量”，三年级学习了“面积如何测量”。基于量化的思想进行反思，可让学生真切地感受到“万物皆可测”，但教学难点在于事物可测量属性的感知、测量工具的研发、测量标准的制定等。进一步地，我们还可以引导学生将本课学习的量角器相关知识，与直尺度量的相关知识进行求同，“量角器是用来测量角的大小的，直尺是用来测量线段的长短的。这两种测量工具有什么共同点吗？”以类比的思想为指导去设计教学，从而更好地做到“教懂”“教活”“教深”。“线段的度量”和“角的度量”具有很多共同点：

都可以通过大小比较引出精确度量的重要性，度量的关键都在于度量单位的确定、度量工具的选择和使用。与共同点相比，我们应十分重视两者的区别，体悟“不变中的变化”与“变中的不变”。由“线段的度量”向“角的度量”过渡意味着研究对象从一维扩展到二维，这就自然应采用不同的度量单位、不同的度量工具与不同的度量方法，但学生对于度量工具的使用不能仅停留在直观感知中，更要上升到对测量工具内在结构的探究上去，让学生经历更高层次的“数学化”的过程。对于学生的回答，也可适度凝练，帮助学生实现完整的“模型”建构。如“测量时都要点对点，边对边”这是对测量方法共性的总结，“都要建立一个刻度的标准”这是对计量单位的感悟，“都有 0 刻度线”是对测量起点的认知。总之，在数学思想方法的引领下，我们不仅仅要关注知识的内涵理解、方法掌握、技能提升，还要关注如何才能使这个点引发出更多的新内容、新思考，使得学生整个认知框架在夯实的基础上建构得越来越大、越来越坚实。相关的案例还有许多，如在学习“圆柱的体积”时，最后的反思环节设计两组对比练习（见下图 4），让学生感受有限与无限的数学思想、逐层递进的思想、联想类比的思想等。

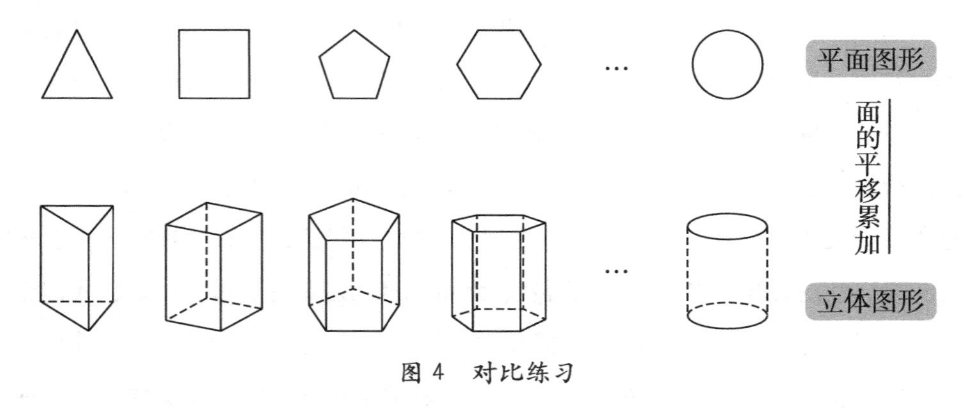

图 4　对比练习

要以数学思想来引导对数学课堂的回顾、反思，从而提升学生的整体认知，从数学教育的角度看，“智慧的教育”绝不应被理解成经验的简单累积，而是应当更加强调数学思维由较低层次向更高层次的发展，应当明确肯定“数学智慧”的反思性质[①]。教学过程中，要抓住数学知识和数学思想两条主线，设计好每节课的教学活动，让学生在获取数学知识的过程中触及、感悟数学基本思想，让学生在探索中感知数学思想，在应用中体验数学思想，在反思中深化数学思想。

第二节　以数学思想引领课堂教学的实施策略

相对于学习具体的数学知识和技能而言，数学思想特别是较为抽象的数学思想的学习显然需要更长的时间，需要一个潜移默化的过程。这就要求教师要将“以数学思想引领课堂教学”落实到日常教学中，要把有“思想含量”的课上成家常课，是生活，是日常教学，是每一节的课堂，是和学生们的每一句真实的对话。把家常课当成培养学生独立思考的最佳土壤，“以数学思想引领课堂教学”，通过独立思考，具体与抽象、特殊与一般之间的辩证过程不断深化学生的认识。

弗赖登塔尔反复强调：学习数学的唯一正确方法是实行“再创造”。作为教育内容的数学都是现成的结果，这里的“现成”是指在数学学科领域内已经被发现了，是对成人而言的；对儿童来说，这些知识一点都不现成，都值得去探索、去挖掘。

1．深入挖掘数学思想的课程资源

数学思想要以教材为载体，通过数学知识得以彰显。因此，教材既是教学的基础和主要承载体，也是实现课程目标、实施教学的重要资源。经过多

① 郑毓信:《小学数学概念与思维教学》，江苏凤凰教育出版社，2014。

年的课程改革，教材也相应发生了巨大的变化，呈现了数学知识的发生、发展和应用过程，蕴含着丰富的数学思想。修订后的苏教版小学数学教材注重落实“四基”目标，比较好地继承了原先“双基”优势与改革发展的关系，在夯实“双基”的基础上努力发展数学基本思想和基本活动经验。其数学思想的编排主要体现在两个方面：一是在“数与代数”“图形与几何”“统计与概率”“综合与实践”四大领域结合各部分知识体现数学思想；二是创设了“解决问题策略”单元，利用各种情境、操作和直观的方式呈现重要的数学思想。比如，一、二年级教材主要利用加、减、乘、除四则运算的关系，解决与常见量有关的简单实际问题，其中蕴含了分类、归纳、比较、模型、对应、推理、符号化、假设、类比等数学思想；三年级开始，设置“解决问题的策略”单元，涉及从条件想起、从问题想起、列表、画图、列举、转化、替换等策略，着重渗透了抽象、归纳、推理、模型、转化、数形结合等思想和方法。

修订后的北师大版小学数学教材同样十分注重数学思想方法。以北师大版小学第一学段四本教材为例，沈阳师范大学学前与初等教育学院小学教育专业研究生王琦在他的硕士论文中结合各个思想方法的内在涵义，以各个思想方法为主体，对教材中包含思想方法的知识点进行细致分析，同时统计其在年级、知识领域中出现的次数，汇总成表格，制作了如下各个思想方法在教材中的分布情况图（见图5）。[①]

---

① 王琦：《北师大版第一学段小学数学思想方法的培养现状及策略分析》，硕士学位论文，沈阳师范大学，2022。

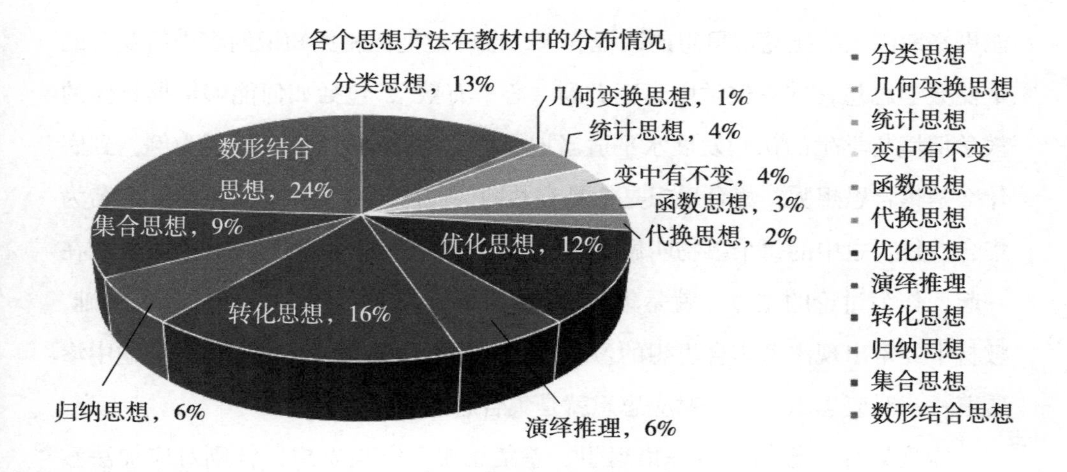

图 5　思想分布情况图

从图 5 中可以看出，即使在小学第一学段，数形结合思想、转化思想、分类思想、优化思想、集合思想也频频出现在教材中，这对一线教师提出了更高的要求，教师要善于把教材改变为“学材”，要从学生学习的角度重新组织学习材料。好的“学材”并不是数学知识的简单堆砌，而要把数学精神、思想和方法蕴含在其中。我们要能将“学材”中蕴含的数学精神、思想和方法充分释放，让学生感受其中的魅力。我们在实践中发现，同样的教学内容，由于对其数学思想挖掘的程度不同，学生的学习效果、思维发展会大相径庭。例如，一年级学生要学习简单的测量，会使用到尺子，这是学生在生活中常见的数学工具，其中蕴含的教学点反而容易被忽视。事实上，尺子的构成需要哪些数学要素，学生并没有清晰的认识，也就是说，学生对测量工具的认识只停留在应用的水平。为更好地发展学生的量感，可以设计“有趣的尺子”一课，通过用黄豆、乐高积木、回形针等物品，制作一把能测量作业本宽度的尺子，让学生在简单的制作中，感受测量工具不断改进的过程，在对测量知识学习的完整体验中培养其优化思想。

只有突破具体内容的限制，并从更为广泛的角度进行分析思考，我们才能更好地深入挖掘数学思想的课程资源，准确地把握相关知识内容中所蕴含的重要数学思想，并在教学中真正做到“心中有数”，包括如何能够依据具体的教学情境与学生的认知发展水平适当地予以“显化”。以集合思想为例，到底什么是集合思想呢？集合思想是把具有共同性质的事物当作一个整体，命名为集合，集合之中的每个事物叫做元素，因此，将多个具有相同属性的对象放在一起，作为讨论的主体，就是集合思想的体现。集合理论是数学的理论基础，教材中经常出现渗透集合思想的习题，在一些认识数字、连线题和分类题中渗透着一一对应思想，一一对应思想就是集合思想的体现。[①]

体现集合思想的还有并集思想、差集思想、空集思想，分别对应加法教学、减法教学和数字“0”的教学等，而加减法的教学在小学数学教学中无论从学习时长还是从内容分布上都占有极大的比重，这也足以说明集合思想在小学数学中的渗透十分广泛，是值得深入挖掘的渗透数学思想的重要资源。在实际教学中，如果能把握好知识的难度和要求，用通俗易懂的语言促进学生对集合思想的理解，在每一次加法、减法教学中基于集合思想建立起高通路迁移，就能很好地打通知识之间的内在联系。但在实际教学中，部分教师对集合思想不太了解，认为学生到初中才会接触有关集合思想的知识点，在小学中集合思想并不常见，因此没有必要进行渗透教学。上面的分析显然也更为清楚地表明：数学思想的清楚界定与合理定位正是我们当前所面临的一个紧迫任务。

教材中往往是按照一定的逻辑线索对概念（和知识）进行组织的，因此在教学中我们应当注意突破这种局限，帮助学生从更为广泛的角度去认识各个概念（和知识）之间的联系，将一些互不相干的概念（和知识）联系起来，从而逐步形成整体性的知识结构。以北师大版小学数学四年级下册第二单元《认识三角形和四边形》的教学为例，本单元涵盖“图形的分类”“三角

① 王琦：《北师大版第一学段小学数学思想方法的培养现状及策略分析》，硕士学位论文，沈阳师范大学，2022。

形的分类”“三角形内角和”“三角形三边关系”“四边形的分类”五个内容的学习，如果不对教材编写的逻辑线索做深度分析，相关内容的教学就缺乏整体性，学生就会将每个内容的学习当作独立的模块，不能从更为广泛的角度去认识各个内容之间的联系。但以分类的思想统领本单元的教学，情况就大不一样了。“分类”作为一种基本的活动形式，无论在日常生活中还是科学认识活动中，都具有十分广泛的应用。数学教学中所关注的分类，又有其独特性，在数学抽象中我们所关注的只是对象的量性特征（包括数量关系和空间形式），而完全不去考虑它们的质的内容，也就是说，用数学的眼光看，分类事实上应被看成一种十分重要的认识方法，能对事物和现象的质的方面与量性特征做出明确的区分，并能将两者分割开来加以考察。理解了这一点，本单元的教学就具备了整体建构的基础。第一课时，有意识地引导学生从不同角度来分析问题，对基本图形进行合理的分类，让学生通过相互的交流，感受到分类结果在不同标准下的多样性，感受到不同标准的分类有着不同的意义和作用，同时也使学生认识到分类是一种十分重要的认识方法。带着这种认知，进入第二课时的学习，思考如何借助“分类”对三角形有全新的认识。由于数学上所说的分类只是考虑量性特征，所以，讨论“三角形分类的标准是什么？”并引导学生找准两个分类角度：“角”和“边”，是本节课第一个要解决的问题。明确了分类标准，探索分类结果就相对容易，但探究过程不能操之过急，要给足学生时间与空间去慢慢地测和量，充分经历知识产生的过程。教材提供了9个三角形样例，虽然一个个量会消耗课堂大量的时间，但这是有价值的消耗，是学生将模糊的分类标准清晰化的重要途径。当9个三角形的27条边全部量完后，学生就会深刻地认识到“不同的三角形，按边分会有三种不同的情况：三条边都相等的、两条边相等的、一条边都不相等的”，也就是说，学生通过自己的探索，用分类思想解决了如何从“边”的视角认识三角形。同理，学生还学会了用分类思想解决如何从“角”的视角认识三角形，在这个过程中，特别有意思的是，部分同学还能在度量过程中，模糊地感知“三角形的内角和似乎是一个固定的值”，这就为下一课时“三角形内角和”打下基础，从这个意义上来说，我们可以把“三角形内角和”和“三角形三边关系”看作是研究三角形分类的过程中产生的“副产品”，从而更好地基于分类思想建构起本单元的整体架构，打通单元知识点之间的内在联系和内在逻辑。

做好“以数学思想引领课堂教学”的必要前提，是对“数学思想”的合理定位，清楚地指明在基础教育的各个阶段教师应当帮助学生学会哪些数学思想和数学方法，并应依据学生的认识发展水平对此作出合理定位，也具体地指明在基础教育的各个阶段教师应当帮助学生达到怎样的发展水平，包括教师究竟如何去理解所说的发展，毕竟学生的知识水平不足以自主意识到知识中的数学思想方法。如果教师自身都没有弄清楚教学中应当突出哪些数学思想和数学方法，又如何能够期望通过教学帮助学生真正地学会数学思考呢？毕竟，每天在教室里和课程打交道的，站在讲台上和孩子们朝夕相处的，还是一线教师，教育变革的最终力量还是这些“草根教师”。故此，我们要努力将“深入挖掘数学思想的课程资源”变成教师的自主意识，在备课阶段，要基于教材但不拘泥于教材，学会重视分析视角的广度，才能真正达到一定的深度，才能准确地揭示出相关知识内容中所蕴含的数学思想。例如，只有将自然数、小数与分数的运算联系起来加以考察，我们才能清楚地认识到这些内容集中体现了以下数学思想：逆运算的思想；不断扩展的思想；类比与化归的思想；算法化的思想；客体化与结构化的思想。① 如果没有足够的“广度”，认识就不可能达到足够的“深度”，也不可能很好地实现思维的纵向发展。我们应当在“纵向发展”和“横向发展”中交错前行，以数学思想引领课堂教学，让认识达到足

---

① 郑毓信：《小学数学概念与思维教学》，江苏凤凰教育出版社，2014。

够的“深度”，从而建立起高通路迁移的路径，我们才能更好地去发现与认识不同事物和现象之间的联系，这反过来也促使我们的认识达到一定的“广度”。

2. 凸显知识的形成与发展过程，感悟数学思想

数学课程的各个领域、各个方面、各种知识都蕴含着数学思想与方法，但由于“数学思想”主要反映了主体对于具体知识内容的理解深度，因此，无论就数学思想的学习或教学而言，重要的都不在于如何能够无一遗漏地列举出各个“数学思想”（包括基本思想、一般思想和思想方法等），我们坚持的一条基本原则是：“数学思想的学习和教学，不应求全，而应求用”[①]。关键是通过精心设计的教学活动，把相应的数学思想方法外显出来，让学生在获取知识、技能的同时，获得对数学思想的感悟，教学不仅要教给学生知识，更要帮助学生形成智慧。智慧形成于经验积累的过程中，形成于经历的活动中，从而，为了帮助学生形成智慧，我们就应特别重视过程，重视学生对于活动的直接参与[②]。以“认识方程”的教学为例，在教学时常见的做法是紧扣“方程”的定义，通过实例帮助学生较好地抓住“含有未知数”和“是一个等式”两个要素。但，学生能顺利辨认方程就是认识了方程吗？能流利地说出方程的定义就是理解方程了吗？显然不是的，在实际教学中，我们常常会发现很多学生始终不愿意利用方程求解问题，始终没有很好地从“算术思维”走向“代数思维”，在算术中我们主要是从操作的观点看待“＝”的：等号的左边表明我们应当实施哪些计算，得出的结果则应写在右边，此时，在学生心目中，等式的两边是不对称的，等式具有明确的方向性。而在方程中，“＝”代表了一种等量关系，其本身不具有任何的方向性。用方程的方法解题，其背后就是代数思想，创立方程的关键在于与具体的数字一样，我们也可以将文字符号看成直接的数学对象，而无需始终关注它们的表面意义，这

① 郑毓信：《小学数学概念与思维教学》，江苏凤凰教育出版社，2014。

② 史宁中、马云鹏：《基础教育数学课程改革的设计、实施与展望》，广西教育出版社，2009。

也就是指我们应当同样地去看待未知数和已知数，把分析的着眼点从“如何通过具体计算去求得相应的未知数”转向“各个数量之间的等量关系”，从“过程性观念”走向“结构性观念”。也就是说，在教学中我们应当更加突出“方程”所体现的特殊的研究视角：“等量关系的分析与应用”，在算术中这一思维是通过内在的思维活动“隐蔽地”实现的，在代数中相关思维活动在很大程度上被“外化”了，而这恰恰为在小学阶段初步渗透“代数思想”提供了重要的契机，毕竟，“同样地看待未知数和已知数，并运用分析性的思维进行运算”，在一些学者看来这就可以看作是“代数思想”的核心。也正因为如此，在“认识方程”的教学中有意识地突出“天平”这样一个比喻显然就十分恰当，强化“＝”代表着一种相等的关系，而不是一种计算符号，也因此必须按照一定的规则进行运算，在对方程进行变形时我们必须十分注意不能因此而破坏了两边的等量关系，为后续教学“如何求解方程”提供有益的借鉴。相关的案例还有很多，当我们培养了对“数学思想”的敏感性，反映在教学中，就能很好地透过现象看本质，知道把实物抽象成字母或符号表示，其背后就是抽象、模型等思想；借助实物图、示意图、线段图、常见图形来解决问题，其背后是数形结合思想等。“数学思想”广泛地存在，教授概念、公式、法则、定律时可以挖掘到数学思想，分析习题时一样可以挖掘到数学思想，复习课更是可以通过“数学思想”构建起知识与知识之间的联系，形成高通路迁移。必要时，根据具体内容，还要有意识地选择一些蕴含数学思想的题材作为补充，例如，画图的策略是数形结合思想的体现，对培养学生“问题解决”的能力也十分有利，但在实际教学中，因为各种原因部分学生却总是“不爱画”“不会画”，尤其是当教师要求用“画图”的策略解决问题时，学生更缺乏画图的主动心理需求，只是按照老师的要求被动地完成，“数形结合的思想”得不到很好地培养。为了帮助四年级学生较好地掌握“画图”这一策略，教师可以有意识地设计一节课——用画图的策略解决问题。先进行情境创设：学校里有一块长方形花坛，如果将它的宽增加 3 米，就变成了一个正方形，这时花坛的面积增加了 24 平方米。原来长方形花坛的面积是多少平方米？由于问题比较复杂，学生需要整理已知信息以便更好地理解题意、发现解题思路，这就为学生较好地理解“画图”作为解题策略提供了条件。在学生完成了长方形图形的面积计算后，教师可以通过“回顾”与“不同方法的比较”帮助学生更好地领会“画图”这一策略的优点，从而深切地感受到数学思想的力量，这十分有益于学生主动自觉地应用数形结合的思想。

在教学中教师要紧紧抓住显性的数学知识和隐性的数学思想两条主线，设计好每节课的学习活动，让学生在获取知识的过程中触及、感受数学思想，使得数学基本思想扎根于学生的头脑之中，逐步成为一种意识、观念和素质，并为学生以后的学习服务。比如，10 的教学，多数教师会结合计数器、点子图、小棒等具体教具或实物，让学生认识到 9 添上 1 是 10，然后进一步学习 10 的组成及加减法。但这样教学，疏忽了一个问题：10 与前面学习的 0 ～ 9 有什么不同？数是对数量的抽象，在认识整数的过程中隐含了一个非常重要的思想方法——数学抽象，但数学抽象也是有层次的，与 1 ～ 9 相比，10 的抽象水平更高，因为 10 不仅是对“任何数量是 10 的物体”的抽象，更是人类记数史上一次伟大的飞跃，10 的出现意味着“计数单位创生”，即它已经不再用新的数字计数了，而是用两个不同的数字来表示一个新的数，它采用的是记数方法发展中具有重要转折意义的十进制计数原理，这是抽象之上的抽象，而数学的这种高度抽象性使得数学的认识能够得到不断深化，能够更为深入地揭示客观世界内在规律性的主要原因。但是多数教师没有意识到在数的认识中“10 的认识”是关键，它更适合与两位数的认识编排在一起，而不是与个位数的认识编排在一起。有专家说：“8 到 9 是量变，9 到 10 是质变”，这是非常有道理的，前者与后者的本质区别是“进位”，即从“个”飞跃到“十”，从“一个个地数”（非进位制）到“一组一组地数”（进位制），突破了“十”这个计数单位，其他的计数单位便易于学习，认识“百”就是通过 99 多 1 来认识，认识“千”就是通过比 999 多 1，以此类推。所以，在教学“10 的认识”时，绝不能简单停留在知识点的教学，“9 个 1”加上“1 个 1”是多少？怎么表示？教师不要急于给出答案，停下来，让学生静静思考，慢慢体会，将学生带进记数方法发展的过程中，经历计数单位创生的过程，这也是认识、理解数的关键，更是感悟数学抽象思想的契机。又如，教材中编排的假设问题的策略，重在让学生体会假设、转化、推理的思想与方法，教学过程中要引导学生通过回顾与反思来提升原有的认知结构，感悟数学思想方法的内在魅力和作用。总之，在教学中教师要高度重视“以数学思想引领课堂教学”，把握好适当的“度”，做到既能“居高临下”，又能很好地渗透更高层次的数学思想，同时也能符合学生的认知发展水平，通过采取较为恰当的方法，让数学思想由“深藏不露”逐步过渡到“画龙点睛”，由“点到为止”逐步过渡到“清楚表述”，由“教师示范”逐步过渡到“促进学生的自我总结与自觉应用”等。

第三节　数学思想渗透的阶段性认识

在小学阶段，数学思想方法的渗透可以分为三个阶段：启蒙阶段、形成阶段、应用阶段。

1．启蒙阶段：在活动中体验

前文中已经提到过，在第一段数学教材中常见的思想方法有数形结合思想、转化思想、分类思想、集合思想，这是比较符合小学生的认知发展水平的。小学生的思维发展过程会从具体形象思维向抽象逻辑思维过渡，随着学生年龄的增长其抽象思维水平也在逐渐提高，要结合学生认知发展水平思考如何在教学中渗透数学思想，有意识地把隐含在具体数学知识中的数学思想彰显出来。刘加霞教授曾分享过这样一个案例。

老师：请同学们自己动手创设一个运用减法解决的问题，并列式解决。

女孩：我本来拿了 5 个小水果，送给同桌 2 个，我还剩几个水果？我列的算式是 5−2=3。

男孩：怎么还是 5−2=3 啊？重复了！

女孩辩解：没重复，这次不是汽车，是水果。

男孩：反正也是 5−2=3，还说不重复？

大部分学生同意男孩的看法，但也觉得女孩说得有道理，辩论不出结果。面对这样的“冲突”，老师会怎样处理呢？

老师：你能再想一个例子，也用 5−2=3 来表示吗？

孩子们编出很多情境，如教室有 5 个小朋友、草地上有 5 朵小花、有 5 支铅笔……

刚发言完的一个学生：这样的事情我还能说好多呢，都可以用 5−2=3 表示，5−2=3 的本领真大呀！[①]

教学进行到这，学生已经从具体数学知识的学习逐步转向数学思想的学习，“5−2=3 的本领真大”是学生对数学模型普适性的真实感悟，如何将学生质朴的感受进一步升华呢？老师接下来的操作非常有示范意义。

老师：有的事情发生在停车场里，有的事情发生在教室里。为什么完全不一样的事，却能用同一个算式来表示呢？

这就是“举三反一”，引导学生洞察不同事情背后蕴藏的相同的底层逻辑，养成主动思考习惯，可以增强学生的洞察力和解决问题的能力。我们看到，即使是一年级的学生，在老师的启发下，也立刻明白了，虽然事件不一样，但同一个算式所表示的意思都是一样的。

老师趁热打铁，又问：3+6=9 可以表示的事情多不多？一个数“8”都可

① 郑毓信：《小学数学概念与思维教学》，江苏凤凰教育出版社，2014。

以表示什么？

学生脱口而出：那太多了！

老师又问：你现在有什么想法？

学生：我觉得“数”和“算式”都太神奇了，能表示那么多不同的事物！

弗赖登塔尔指出：数学的力量源于它的普遍性。但是在计算教学中，我们很容易把目光聚焦在熟练掌握算法上，而忽略了对其蕴含的数学思想的感悟。学生进行数学学习不能直接“背诵”抽象的数量关系，必须在大量的现实情境中做出取舍、抽象和概括，在让学生充分质疑、争论、举例，在教师及时到位地“点拨”“引导”下学习。教师需要培养一种“发现数学思想培养契机”的敏感性，如在上述案例中，成功诊断出学生“争论”的本质所在——减法也是解决某类问题的一个数学模型，它关注的是抽象的数量关系而非现实意义，要让学生通过案例抽象概括出其“模型”。抽象思维能够丰富实际意义，帮我们建立样本库，提炼出事物的本质，让我们看到不同事物之间的共通之处。这样的能力培养并非一朝一夕的功夫，需要我们在日常教学中不断地学习、不断地实践、不断地积累，直到形成超越一般的“洞察力”。

需要强调的是，数学思想的培养，必须根据不同学段的具体特点分段进行。以符号思想的培养为例，几乎数学的每一个分支都依靠一种符号语言而生存，几乎所有的运算都表现为符号的推演。但学生的符号意识必须分阶段培养。在符号意识的启蒙阶段，学生需要学习大量的运算符号、等号、不等号等数学符号，一是要结合具体问题把符号表示的意义说清楚，比如，认识自然数 3 时，先从数量是 3 的物体中抽象出 3，然后逐步用三角形、五角星、正方形等一些简单图形来代替一些实物，再从实物到图形进行抽象，再到符号。在认数的过程中，教师应结合各种实物、图片、图形等帮助学生直观理解数的概念，学生实际经历了一个数学化的过程，在此过程中让学生初步感受符号化思想、数形结合思想和抽象思想等数学思想。二是要对形象给予适当的、贴近生活的描述，比如成人习以为常的数字，对于一年级小学生来说却是全新的知识，单靠记忆很容易混淆，在理解的基础上，还需要形象记忆法，“2 像小鸭水里游”“3 像耳朵听声音”等都是有助于符号建立清晰表象的儿童化的表达。三是在解决问题的过程中，可以通过画一些简笔画符号或示意性的符号帮助学生理解和思考实际应用问题，如线段图、格子图等，在使用这些辅助符号时，尽量让学生感受从具体事物到符号表示的过程，边画边说。为了增强小学生的符号意识，领会数学符号的美学价值，激发学生数学学习的兴趣，还可以通过数学阅读，帮助学生了解一些符号创设、发展和传播的历史趣闻故事，丰富学生的数学学习活动，使学生受到数学文化的熏陶。

综上所述，在数学思想的启蒙阶段，重在通过观察、操作、思考等活动，使学生逐步积累对这些基本思想的直觉认识。

2．形成阶段：在探索中感悟

随着年级的提高，学生积累的相关知识经验逐渐增加，教师应把这些基本数学思想在适当的时候明确提出，应用到探索新知中，使学生对这些基本数学思想有进一步的理解，这是理性认识的开始。如，“优化”可以被看成数学学习活动的本质，“优化的思想”贯穿数学学习的全过程，既可以指“显性层面”的发展，如方法的改进、结论的推广、更好的表述方法的引入等，也可以指“隐性层面”的变化，如观念的更新、新的思维品格养成等。[①] 从这个角度去思考，教师在教学中要避免将“优化思想”局限于“优化问题”，应当要始终抓住“多样化”与“比较”这两个核心要素，将“优化思想”渗透于数学活动的方方面面，让“优化”真正成为学生的自觉行为。例如，《小学教学》2007 年第 9 期发表了吴正宪老师“估算”课堂教学实录，文中提到吴老

① 郑毓信：《小学数学概念与思维教学》，江苏凤凰教育出版社，2014。

师创设了“曹冲称象”的故事情境，激发学生对估算“大象的体重”的真实需求。在交流环节，有两个学生分别采取了“小估”与“大估”的方法，还有学生甚至采取了精确计算的策略等。面对学生多样化的思考，如何引导学生进行反思，从而有效地促进“思维的优化”呢？吴老师是这样做的：

老师：……我们继续研究，精确值是2108千克。同学们，看看这个精确计算的结果，再看看同学们估的结果：2400，2100，2080，1800……此时此刻，你想对刚才自己的估算结果作一点评价或思考吗？

学生1：我估的是1800。但我觉得我估得太少了，例如，那些数当中有一个是398，我把它估成300了，与实际结果差得就远些了，现在我觉得应该估成400就更好了。

老师：你很善于思考，其实你估算的结果已经可以了，但是你还能在与他人的比较中发现问题，进行调整，老师为你这种精神而感动。

……

老师：“大估”你在哪呢？你一定有感想，说说看。

学生2：我感觉我估大了。我把307这样的数看成400了，估得有些远了。如果缩小一点，可能就估得准一点，我很佩服“凑调估”，人家在估算中还能调整调整，这样估比较接近准确值。

老师：其实你已经很不错了，你不仅主动地反思自己的结果离得远了，更让我欣慰的是你还在反思中发自内心地去欣赏别人，这样学习进步会更快。

老师：好了，同学们，你们做出了很好的自我评价。那么，用精算的那两个同学你们算对了吗？

学生3：我觉得这些数相加的确不是很好算，再说求大象体重，没必要精算。我那样一个数一个数地算太麻烦了，太慢了。用估算更方便。[①]

---

① 郑毓信：《数学教师的三项基本功》，江苏教育出版社，2011。

在吴正宪老师和学生的一问一答中反映出她高超的启发策略，折射出她智慧的理性光芒。“教学活动是师生积极参与、交往互动、共同发展的过程。”[①]优化思想的一个重要内涵即我们不能满足于具体的、求得了问题的解答，而是应当积极地去进行新的思考，如我们能否用不同的方法去解决问题？所使用的方法是否有改进的余地？这一结论与其他已得出的结论有什么联系？吴正宪老师正是以一句“你想对刚才自己的估算结果作一点评价或思考吗？”敲开了学生通向高阶思维的大门。数学学习是一个不断发展与深化的过程，在一个阶段的学习任务完成以后引导学生“回头看”，对相应的学习内容作出回顾与总结，是非常有必要的。与具体的知识学习相比，“学会学习”更为重要，而“学会学习”的一个重要内涵就是应对自身所从事的学习活动具有高度的自觉性，包括清醒的自我认识，以及能够及时作出自我评价与必要的调整。当学生1完成了自我评价后，吴老师抓住“比较”一词进行点评，必要的比较是教学中实现“优化”的关键之一，在一些学者看来，“比较”甚至可以被看作是学习的本质所在，有比较才能进行鉴别，才能对已有方法的局限性有清楚的认识，进而完善自己的认知结构，形成对数学本质的理解。对学生2的回答，吴正宪老师则抓住“反思”一词进行点评，不得不佩服吴老师的专业，因为“重视总结与反思”恰是实现“优化”的另一个关键。“优化”是一种思想也是一种意识，数学家们总是不自觉地希望对问题能够获得更为深入的理解，这也促使数学家们不断地、积极地去从事进一步的研究，这就是专家思维，也是我们希望通过数学学习培养学生达到的一种状态：自觉地对相应的解题活动作出总结与反思，深入地去思考能否有别的方法求解同一问题？这些方法又各有什么优点和局限性？等等。通过对吴老师教学片段的赏析，我们可以更好地理解建议的重要性：教师在教学中应当尊重学生学习的“路径差”与“时间差”，在

---

① 中华人民共和国教育部:《义务教育数学课程标准（2011年版）》，北京师范大学出版社，2012。

“开放”“多元”的同时，始终关注“比较”“总结”“反思”，让“开放性”与“多元性”作为“优化”的直接基础，让“优化”成为“开放性”与“多元性”的必要发展。

“转化思想”的教学也是如此，与一般科学家相比，数学家们在求解问题时，其思维方法是否具有一定的特殊性？对此一个可能的回答是：在解决问题时，数学家们往往不是对问题进行直接攻击，而是对此进行变形、使之转化，直到最终把它化归成某个已经解决或者比较容易解决的问题。郑毓信教授在他的《数学思维与小学数学》中用一则笑话展示了数学家思维的这种特殊性，“假设你面前有煤气灶、水龙头、水壶及火柴，你想烧些开水，应当怎样去做？”对此，回答肯定是：“在壶中装水，点燃煤气，再把壶放到煤气灶上。”如果此时你再追问：“如果其他条件都没有变化，只是水壶中已经有了足够的水，你又应当怎么做？”这时，数学家会怎么回答呢？数学家会倒去水壶中的水，并声称：“我已经把这个问题转化成先前的问题了。”[①] 虽然是一则笑话，却能很好地帮助我们理解“转化思想”在数学中的“江湖地位”，小学数学教学中有很多实例可以说明“转化思想”的重要性及普遍性，如求“多边形的内角和”是把其转化成多个三角形后再来寻找规律，计算“除数是小数的除法”时转化成“除数是整数的除法”再来计算，“多位数加减法”通过竖式转化成 20 以内自然数的加减法等。各种平面图形的面积计算，往往就是通过转化为简单图形的面积计算得到解决的，如教学“多边形的面积”时，在学生经历了平行四边形的面积公式推导后，要有意识地引导学生回顾如何探索得到平行四边形面积公式的，体会其运用的转化思想方法，并适当介绍转化思想，在后续学习三角形、梯形的面积公式时，有意识地让学生利用转化思想进行探索，从而对转化思想方法的名称、内涵和使用等形成进一步的

① 郑毓信：《数学思维与小学数学》，江苏教育出版社，2008。

理解，初步形成应用的意识。正是因“转化思想”的普适性，我们在教学中更应当树立“数学思想引领课堂教学”的意识，基于数学思想构建高通路迁移，正如波利亚在《怎样解题》一书中所指出的，我们要学会激发出有助于问题解决的一些“好念头”：“你以前见过它吗？你是否见过相同的问题而形式稍有不同？”“你是否知道与此有关的问题？”“你能不能利用一个和你现在的问题有关且已经解决的问题，利用它的结果，利用它的方法，利用它的原理？”等，也就是说，我们不应该孤立地去看待各个问题，而应善于将它们联系起来加以考察，注意问题的相互联系也可被看成成功应用“转化思想”去解决问题的又一重要途径。转化并非一个机械的过程，而是依赖于思维的创造性劳动，在由未知到已知、由难到易、由繁到简的转化后最终解决问题。

综上所述，在数学思想的形成阶段，“要明示，不要暗示”“要突显，不要渗透”，根据需要把基本的数学思想方法适时明确提出并应用到探索中，使学生进一步加深对数学思想的理解。

3. 应用阶段：在发现中内化

到了高年级，对已经熟悉和掌握的数学基本思想需进一步强化，甚至用结构化的语言，提醒和培养学生在数学学习和生活中有意识地加以运用，使学生不仅知道用什么和怎么用，并在此基础上逐步内化为自己的思想方法。比如，关于归纳思想，在实践中应注意纠正对于归纳简单化的理解，认为只需不断地去重复就可以发现规律，恰恰相反，在归纳的应用中要重视“动脑”，围绕三个问题引导学生深度思考：一是什么看上去是真的？这是对研究对象的猜测与表述；二是它为什么是真的？这是检验习惯的培养，俗话说“大胆猜测，小心求证”，有了研究方向以后一定要扎实推进研究，包括对研究过程以及研究结果的改进与否定，以及如何对其作出证明；三是它在怎样的范围内看上去也是真的？这是对研究结果的推广与拓展。在整个归纳推理的过程中，不要害怕犯错误，反而要重视“从错误中学习”，即始终致力于积极的实践与认真的检验与改进。[①]再如，前文中提到的“优化思想”，我们不应满足于具体解答的获得，而应“继续前进”，也就是在顺利解决了原来的问题以后我们还应进一步思考，能否对所获得的结果作出新的发展，如何能够从方法论的角度对此作出必要的总结与概括，所使用的方法是否有改进的余地，能否将此用于其他问题等。同时，对于高年级的学生，优化还体现在语言的变化，由“非数学语言”向“数学语言”过渡，表达变得更加精确、更加标准，甚至由单纯的交流进一步扩展到了“论证”，学生的数学语言开始变得“非个性化”“客观化”“标准化”，这些都是在潜移默化中让“优化的思想”在学生心中生根发芽。总之，相关实例还有很多，限于篇幅，在此不一一列举，就数学思想的实际教学而言，我们应充分展示数学教师的专业素养，把握适当的“度”，在每一个关键节点思考——在此究竟应该是“点到为止”还是“清楚表述”，是“深藏不露”还是“画龙点睛”。

怀特海在《教育的目的》一书中，提出了“惰性知识”这一概念，他认为，不能应用的知识都属于惰性知识，惰性知识积累得越多，人就越笨。在数学思想的应用阶段，学生大脑中储备了足量的数学思想、方法，为避免其成为“惰性知识”，教师要学会创设能让学生主动地、自觉地运用数学思想，带动具体知识内容学习的情境。比如，六年级学习“圆柱的体积”计算，在此之前，学生已经学过了圆面积的计算，知道通过“分割”与“组合”可以将圆面积计算转化成长方形面积计算，因此，不要急于在课堂伊始就进入圆柱体积的教学，而应通过复习圆面积的计算，有意识地引导学生回忆其中蕴含的转化、极限等数学思想，并借助其搭建起一条高通路迁移通道。当学生已有的学习经验被充分唤起时，再出示圆柱体积计算这一核心任务，通过类比，学生会想到在计算圆柱体积时，依然可以将圆柱转化为已经学过的长方体，此时圆柱体积

① 郑毓信:《小学数学概念与思维教学》，江苏凤凰教育出版社，2014。

计算的重点就落在了如何引导学生通过切、拼等操作去明确转化前后图形各要素之间的数量关系，从而推导得出圆柱体积计算公式。在上述学习过程中，学生再一次通过具体数学知识的学习认识到转化思想、极限思想的重要性，对其内涵的认识也不断得到提升、内化，为今后学生在具体情境中自觉使用转化思想、极限思想等数学思想提供了更多的可能性。

数学思想与方法需要提炼，我们在教学中不应完全脱离具体的教学内容而泛泛地去谈所谓的“数学思想”，更不应该从事“事后诸葛亮”式的研究，满足于如何能够通过“对号入座”将自己的各个教学实例贴上相应的标签，而是应当更加重视自身对数学思想的理解，特别是能在教学工作中加以应用，即能够针对具体知识内容揭示出其中所蕴含的数学思想，内容阐述在前，思想方法提炼在后，并以此带动具体知识内容的教学。复习课是提炼数学思想与方法的主要时段，在一个阶段的学习任务完成以后，我们就应当指导学生对相应的学习内容作出回顾。比如，引导学生思考“各个学习内容之间存在怎样的联系？什么是教材呈现的逻辑线索，是否存在其他的选择等？帮助学生从更为广泛的角度认识各个概念（和知识）之间的联系，从而跳出细节、超越教材的束缚形成整体性的知识结构，建立起更加合理的认知框架，这也是数学思想的具体应用[①]。对于教材而言，数学思想方法理应成为每章节、每单元、每课时“小结”的主题。我们要知道“从个别特例中形成猜想，并举例验证，是一种获取结论的方法。”渗透“特殊到一般”的数学思想；“从已有结论中通过适当变换、联想，同样可以形成新的猜想，进而形成新的结论。”这是“转化思想”的渗透；“数学上有些问题，顺着想不能解决，我们可以反过来想想，常常能找得到解决问题的办法。”这是逆向思维的培养……这些都体现着数学教师所应具有的专业素养，也正是因为有着这样的素养，才能在教学中真正做到“居

① 郑毓信:《小学数学概念与思维教学》，江苏凤凰教育出版社，2014。

高临下”，实施高观点下的数学教育。

史宁中教授说：“数学思想是统领整个数学及数学学习的思想，是数学科学的基石。”[①] 真正好的教学不能降低到“技术层面”，关注数学思想，进行有“根”的数学教学，有助于促进教师教学方式和学生学习方式的根本性改变，使得学生有机会通过自己的发现获得新的数学知识、技能、方法及思想，在探究发现的过程中领悟数学的真谛，从而发展成为一个“具有数学思想和眼光”的人，当学生能够深入到数学的内部，感受数学的魅力时，那些从外部添加的趣味性，诸如小猫、小狗的故事，五颜六色的教具，就可以少用甚至不用了，这也是我教“有根”的数学所追求的境界。

① 史宁中：《数学思想概论（第 1 辑）：数量与数量关系的抽象》，东北师范大学出版社，2008。

第四章
用数学的策略解决问题

“问题”是我们话语系统中经常出现的一个词，广义而言，人的一切活动都在解决问题。数学学习中所提的“问题”，有其独特的涵义，是在某种情境中探究特定的、未知的数量关系和空间形式并作出论证。1980年以来，解决问题的教学模式风靡全球，这种教学理念认为数学教学就是“解决问题”的教学，解决问题成为一种贯穿整体的教学方式。《义务教育数学课程标准（2011年版）》将“解决问题”改为“问题解决”，对于什么是“问题解决”，在数学教育界有着多种不同的解释，有专家做过综述，大致分为以下几种：一是问题解决指“人们在日常生活和社会实践中，面临新情境、新课题，发现它与主客观的矛盾而自己却没有现成的对策时，所引起的寻求处理问题的一种心理活动”。二是问题解决是把前面学到的知识运用到新的和不熟悉的情境中去的过程。三是问题解决是教学类型，问题解决的活动形式看作教或学的类型，将问题解决作为课程论的重要组成部分。四是问题解决是学生学习数学的主要目的。五是问题解决是能力，把数学知识用于各种情况的能力，叫做问题解决。[①] 上述种种解释都有一定的道理，数学是问题驱动的，问题是数学的心脏，引导学生通过独立思考，在自己探索的基础上获得解决问题的途径，是数学教学的基本组成部分，《义务教育数学课程标准（2011年版）》强调“问题解决”能力的培养，不仅仅是因为其已逐渐成为国际数学课程与教学研究的热点，更重要的是我们希望在发展学生分析和解决问题的能力的同时，达成发展学生发

---

① 张奠宙等：《小学数学研究》，高等教育出版社，2009。

现和提出问题能力的目标，而这就需要我们在过去的“常规应用题”教学的基础上，添加“非常规应用题”，如弗赖登塔尔有一个经典的问题：“昨夜外星人访问我校，留下了一个巨大的手印，今夜他还要来，试问，我们给他坐的椅子应该有多高？他用的新铅笔应该有多长？”这个题目有趣，学生读起来也没有难度，但如果要对这个问题作答，就需要学生意识到需要根据手印与人手的大小比值，估算椅子高度和铅笔长度，并进行测量、操作，这是一个绝好的数学题目，也是帮助学生深刻理解比、比例、相似等数学本质的好题材，体现了比例的思想。这样的问题，我们设计得还太少，仅仅停留在行程问题、工程问题等类别上，导致我们的“问题解决”能力培养就缺乏很好的载体。《义务教育数学课程标准（2011 年版）》在总目标中指出，通过义务教育阶段的数学学习，学生能“体会数学知识之间、数学与其他学科之间、数学与生活之间的联系，运用数学的思维方式进行思考，增强发现和提出问题的能力、分析和解决问题的能力”，将“问题解决”作为与知识技能、数学思考、情感态度并列的目标之一。《义务教育数学课程标准（2022 年版）》依然保留了“四基”“四能”，培养学生“发现问题、提出问题、分析问题、解决问题”的能力依然是我们需要贯彻落实的，因此在数学教学活动中，要注重培养学生的探究意识，打破学生按问题套公式的教学模式，培养学生解决问题的能力，引导学生提出问题、发现问题、灵活地处理应用性问题，学会用数学的策略解决问题。

目前学生解决问题的过程中还明显存在着一些问题：一是矫枉过正。过去为了强调对某种数量关系的理解，我们常常强化某种类型问题的解题方法，如流水问题、折扣问题等，进行这样的分类是必要的，将在一类情境中发生的问题归总研究，找出其共性与规律，是数学人的思维模式，中学要学抛物线问题，微积分课程里要讨论切线问题，微分方程课程里有电磁波方程问题等，将一个研究领域的问题归总进行研究，有利于学生更深刻地理解问题的普适性，如价格问题、利息问题、利润问题等是学生在生活中需要用到的常识，其他学科不会详细涉及，将这些教学任务落在数学课上，恰到好处。淡化分类，“买文具”“铅笔有几支”“燕子飞走了”这样模棱两可的课题，不做分类和概括，学生学得稀里糊涂、零零散散，很难建构起对所研究问题所属领域的深刻认识，不能更广泛地把握一类数量关系，在实际应用的过程中很难形成类型的迁移，并不利于学生系统整体地建构数学思想，更何况分类的思想本身就是一种重要的数学思想，分类思想的教学并不仅仅存在于典型课例中，更应存在于学生学习生活的方方面面。二是按照问题情境，把应用题类型固化。学生学习的方式单一、被动，解决问题的思路狭隘，偏重于对结论的解释和整理，缺少自主探索、合作学习、独立获取知识的机会，缺少运用探索、发现数学思维方法解决问题的机会，有些极端的做法，甚至专对一类情境归纳公式，凭强记、快做争取考试成绩，例如老师总结“看多想加”的规律，于是当学生看到“梨树有 20 棵，比苹果树多 8 棵，苹果树有多少棵？”时，学生直接用加法计算导致出错，这种简单的错误来自某种固化的数学模型，数学作为促进学生思维发展的重要组成部分，数学教育既要使学生掌握现代生活和学习中所需要的数学知识与技能，更要发挥数学在培养人的思维能力和创新能力方面的不可替代的作用，讲死了，思维就变得固化了，不利于思维能力的培养。面对问题，灵活利用数学的方法和策略来解决问题是儿童数学素养的一项重要能力。

第一节　解决问题的基本策略

清代诗人袁枚在《续诗品·尚识》中指出：“学如弓弩，才如箭镞，识以领之，方能中鹄。”这里的学指知识，才指方法，识指观念、见识。其中知识是基础，方法是工具，而观念、见识则对知识、方法的方向、方式作引领。在学生解决问题的过程中，如果能有效地引导学生经历知识形成的过程，让学生能在解决问题的过程中看到知识背后负载的方法、蕴含的思想，并注意结合具体环节点化学生领悟这些思想方法，那么学生所掌握的知识才是生动的、鲜活的，发展的能力才可提升。在解决问题的教学实践中，常见的数学思想方法有对应思想、化归、替换等。以对应思想为例，在数量之中存在大量的对应关系，“订 10 份报纸需要 12 元”中“12 元”与“10 份”是总价与总量的对应，“一条路的四分之三是 750 千米”中“750”与“四分之三”是总路程与分率的对应，解决问题时一旦把这些对应关系混淆，必然会导致解题的错误，在教学中要通过观察、操作、比较、类推等数学活动，有计划地渗透对应思想，培养学生的直觉思维，提高学生分析、理解和解决问题的能力。

在渗透数学思想方法的同时，还要关注解决问题的基本策略，以促进学生思维品质的培养、问题解决能力的提高。马芯兰老师经过调研和访谈，梳理出小学生解决问题的主要常用策略有：模拟、画图和列表。北京师范大学周玉仁教授也认为，除了大家公认的分析法和综合法，模拟和实验、画图、枚举、假设、转化等都是常用的解决问题的策略。这些策略有的偏重于形象思维，有的偏重于抽象思维，可以相互补充和结合。这里所说的“基本策略”是学生解决问题经常使用的基本方法，以及使用基本方法的经验与体会。其中，“方法”可以是学生共有的，“经验与体会”只属于个体所有。

对基本策略要有两点认识：首先，它有很强的基础性。一是对解决问题十分有效，而且使用范围广，解决众多问题几乎都要用；二是对人的发展有用，是提高思维能力不能缺少的，是以后学习更加高级策略的平台；三是绝大多数人能够学会、使用并很好地掌握。其次，它有鲜明的操作性和体验性。小学生解决问题的基本策略通常由方法和经验两部分组成。方法属于程序性知识，可以经过练习转化为动作技能；经验是把方法作为认识对象产生的体会和情感，能够转化成个体的智慧技能。

解决问题思考方法的本质是提炼与概括，形成的认识才是解决问题的策略。在教学解决实际问题时，当然要教授许多具体问题的解法，否则学生不会解题，要从大量的解题活动中总结经验，以便更好地解决更多新颖的问题。因此教学“基本策略”不仅有利于解答眼前遇到的问题，还有助于以后学习更多的策略，以解决更复杂的问题。下面就这些基本策略做一些简单说明。

1．演示与模拟

遇到某些数量关系比较隐蔽的问题，教学中我们不应停留在纯粹的词语分析上，而应通过实例使学生获得实在的体验。放手让学生采用模拟和演示的方式，让他们进入角色，了解题意。通过学生的模拟和演示，把题目中的故事情节用他们自己理解的动作呈现出来，从而认识其中的数量关系。如人教版小学数学一年级“排队问题”：“小红排在第10，小宇排在第15，小红和小宇之间有几个人？”对于一年级的小朋友来说，他们习惯于具体形象思维解决问题，还不善于进行抽象的智力活动，掌握、理解抽象的概念还有一定的难度，要真正理解题意非常不容易，让学生演一演、摆一摆、画一画，在“演示与模拟”中让学生边观察、边说、边思考，做到眼、脑、手、口并用，就能很好地帮助学生获得一般表象和初步理解，厘清其中的数量关系，直观地找到解决问题的路径。

2．画图

在解决问题的过程中，学生要了解题意，找出已知条件，分析数量关系，把间接条件变为直接条件，这些都是比较复杂的智力活动。按照智力活动形成的规律，都要经过外部语言阶段，然后转化成内部语言。画图就是一种极佳的外部语言，把问题转换成线段图、平面图形、立体图形，通过建立几何模型解答问题，是解决问题的有效路径。以线段图为例，画线段图可以把问题的内容具体化、形象化，使我们理解题意，明确数量关系，理清解题思路，进而很快地得出解法。我们来看一道数学名题，古代希腊数学家丢番图的墓碑上刻着这样的一段墓志铭：坟中安葬着丢番图，多么令人惊讶，它翔实地记录了丢番图所经历的道路，上帝给予他的童年占六分之一，又过十二分之一，两颊长胡，再过七分之一，点燃起婚姻的蜡烛，五年之后天赐贵子，可怜迟到的宁馨儿，享年仅及其父之半，便进入冰冷的坟墓。悲伤只有用数论的研究去弥补，又过四年，他也走完了人生的路程。这个题目用画线段图（见图 6）的方式，可以清楚地看到图中有数量、有分率，只要找到线段图中数量、所对应的分率，利用分数除法就可以知道丢番图的年龄了。

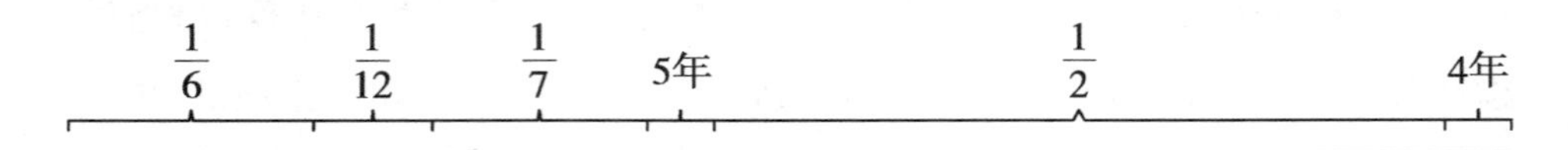

图 6　线段图

简洁明了的线段图让问题明朗化，将分析多步应用题的思维中间过程具体、直观地显示出来，将题目中的间接条件逐一转化为直接条件，让复杂情境中的数量关系一目了然，根据条件与条件、条件与问题的关系所画出的线段图，学生能很直观地找准数量关系，从而轻松地解决问题。

不要小看数学思维的价值，刘润在他的《底层逻辑 2：理解商业世界的本质》一书中，给出了五道微软面试题，其中一道是“昨天，我从早上 8 点开始爬山，晚上 8 点到达山顶。睡了一觉以后，今天我从早上 8 点开始从山顶原路下山，晚上 8 点到达山脚，请问，有没有一个时刻，昨天的我和今天的我站在同样的位置？”这道题乍一看很复杂，如果你开始考虑上山速度、下山速度等因素时，你就把自己绕进去了，画个图（见图 7）试试，在一个坐标系中，横

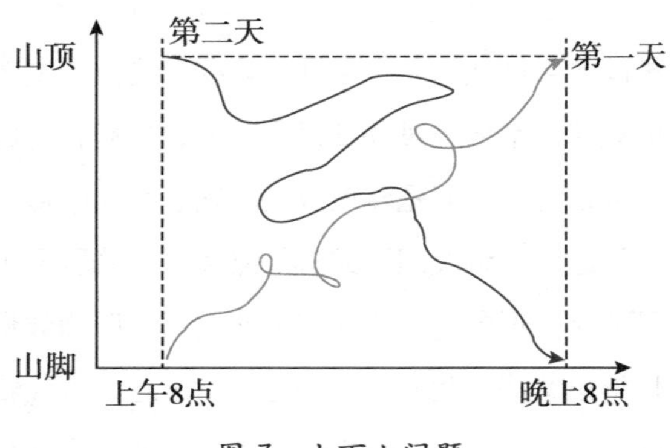

图 7　上下山问题

轴是时间，纵轴是山的高度，按两天的行程画出两条线，你会发现，无论你怎么画，无论两天的速度多么不一样，这两条线一定会在某一时刻、某一高度相交。[①] 从这个例子，我们能够再次感受到《义务教育数学课程标准（2022年版）》把核心素养作为课程总目标的价值所在，数学学习不在于积累了多少数学知识，而是有没有培养学生在“真实情境”中运用所学知识解决问题的能力，在“学校所学知识”和“现实生活中应用知识”之间建立高通路迁移，而数学思想方法就是构建这条通路的最好路径。

3．假设与替换

在解决一些较复杂的数学问题时，当已知条件与问题之间有着明显的空隙而不易探求时，可以对条件作出符合逻辑的假设，然后根据变化了的新条件进行推理，找出解决问题的途径。在进行假设和推理时，往往还可利用等量替换的方法求得解题的捷径。

4．列表或列举

在解决问题的过程当中，我们将问题的条件信息用表格的形式列举出来，列表十分有利于问题中信息的理解和整理，往往能对表征问题和寻求问题解决的方法，起到化难为易、事半功倍的效果。

当数学问题已难与原认知结构建立直接联系，并很难找到问题解决的途径时，可以采用列表——尝试，逐步调整直至问题的解决。如“小红买了2本练习本，共用去12元，小丽准备买3本练习本，要用多少钱？小军用了30元，他买了多少本？”对于低年段的学生，题干相对复杂，这时列表就有助于学生通过比较发现解题思路，甚至可以不列算式就直接求得解答，也有利于释放学生思维的活力。

通过“列表”，问题的条件信息被有条理地呈现在学生面前，直观的表征

① 刘润：《底层逻辑2：理解商业世界的本质》，机械工业出版社，2022。

方式有助于学生进行大胆的尝试与猜测，从而获得更深层次的发现。如“找次品问题”的教学，将“要辨别的物品数目”和“保证能找出次品需要称量的最少次数”列表如表 1：

表 1　找次品问题

要辨别的物品数目	保证能找出次品需要称量的最少次数
2—3	1
4—9（即 3^2）	2
10—27（即 3^3）	3
28—81（即 3^4）	4
82—243（即 3^5）	5
……	……

学生在观察、分析中不难发现“零件总数”与“需要称量的最少次数”之间存在一定的关系，并通过“大胆猜测、小心求证”将两者关系的模式或相应的普遍性结论表述出来，对所获得的结果作出新的推理，从方法论的角度作出必要的总结与概括。“列表”为学生的“尝试与猜测”奠定良好的基础，而后者并非低级的策略，创造与发明往往都从尝试实验开始的。我国著名的古代名题“鸡兔同笼”也可以采用这一策略获得结果。

5．转化

前文已经说过，与一般科学家相比，数学家们在求解问题时，其思维方式存在着一定的特殊性，“数学家们往往不是对问题进行直接攻击，而是对此进行变形、使之转化，直到最终把它化归成某个（或某些）已经解决或比较容易解决的问题。”从郑毓信教授的这段表述中，我们不难看到，“转化”或者说“化归”的思想是数学家的一种思维方式。《义务教育数学课程标准（2022 年版)》确立了核心素养的课程总目标，对于核心素养的内涵，不同的国家、不同的专家有不同的看法，但归总而言，比较趋同的认识是，核心素养包含两大族群，一是“专家思维”，二是“复杂交往”，结合上述分析，不难看出，作为数学家思维特征的“转化”对于发展学生核心素养的重要作用。

“转化”是利用已有的经验和知识，将复杂的转化为简单的，将未知的转化为已知的，将看似不能解答的转化成能解答的。转化的应用不是一个机械的过程，而是依赖于思维的创造性劳动，如，从形式上看，用加倍的方法去计算一个未知量看起来不太明智，就好比“一个人想要知道自己有几头羊，他不直接去对羊进行点数，而是趴在地上数羊腿……”但是，对于一些问题，如果我们使用“加倍”的方法就很容易解决了，如图8的面积计算。因此，我们不应仅仅从形式上去理解所说的“繁”或“简”、“难”或“易”等，而是要具体问题具体分析。

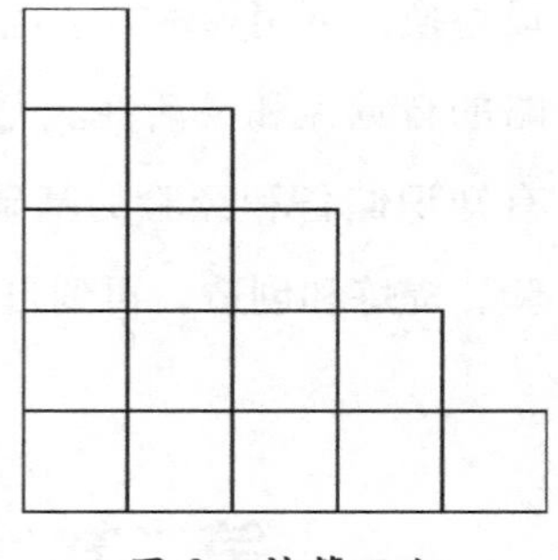

图8　计算面积

为了顺利地实现由未知到已知，由难到易、由繁到简地转化并最终解决问题，我们应善于对原来的问题作出适当的改变，如去餐厅吃饭，消费200元，结账时服务员说:“我们今天有个充值免单活动，您只要充值1000元，这顿饭就可以免单，很划算呢！”一听全额免单，我们可能就会冲动，马上充值1000元，但用“转化”思维来考虑，这其实就是“花1000元买了1200元”的东西，相当于打8.3折，200元打8.3折省下来的也就是34元，但我们要充值1000元才能享受这34元的折扣，这样算算是不是就会理智消费了呢？因此，我们不仅仅要培养学生的“转化思想”，还应让这种“转化思想”成为每一个学生的应用自觉，能在各种应用场景中主动地切换思考问题的角度，探索解决问题的最佳路径，这既是数学教育的更高目标，也是核心素养导向下学科育人的更高追求。

应该说明的是，解决问题的策略是多样的，波利亚明确指出，可以机械地被用于解决一切问题的“万能方法”是不存在的，以上仅举几种常用的解决问题的策略。这些策略有的偏重于形象思维，有的着重于抽象思维，有的适合于解决常规的实际问题，有的更有利于解决非常规的、具有挑战性的实际问题，各种策略各有特点，但又相互结合和补充，在解决问题过程中，往往同一题可采用不同的策略求解，如鸡兔同笼问题，可以画图、列表尝试，也可以假设替换，可用算术方法也可用列方程求解，教学中要重视培养学生运用不同策略的自觉性和灵活性。尤其要注意的是：策略不能靠“传递”，而是在学生已有知识储备和经验的基础上，在教师适当的启发下，由学生自己去感悟、体验、提炼和创造，再到自觉应用。

第二节　解决问题策略的构建与发展

法国数学家笛卡尔曾经说过，最有价值的知识是关于方法策略的知识。教学内容的设计，要充分考虑本阶段学生数学学习的特点，符合学生的认知规律和心理特征，有利于激发学生的学习兴趣，引发学生的数学思考；充分考虑数学本身的特点，体现数学的本质；在呈现知识与技能的数学结果的同时，要重视学生已有的经验，使学生体验从实际操作中抽象出数学问题、构建数学模型、寻求结果、解决问题的过程。

“基本策略”蕴含在解决问题的过程中，落实在解决问题的步骤上。许多数学家和数学教育工作者提出，解决问题的过程能分解成“理解题意—拟定解题方案（计划）—执行（实现）解题计划—检验结果和回顾解题的过程与方法”四个连续的阶段。有些数学教师可能在想，这不就是解答应用题的基本步骤吗？是的，解答应用题的步骤确实和解决数学问题的四个阶段相对应。

1. 重视理解题意，培养审题策略

理解题意的重要性不言而喻。著名数学家、教育家，“问题解决”现代研究的奠基者波利亚将“问题解决”的全过程归结为四个阶段：一是“弄清问题”；二是“拟定计划”；三是“实现计划”；四是“回顾”。由此可见，“弄清题意”是解题过程中十分重要的一步。现在教材中的实际问题，大多不是纯文字的形式呈现的，不像应用题那样可以直接读。用图画、文字、表格等呈现实际问题，一方面能直观地表现出事件，增强了问题的真实感，容易引起学生的兴趣，另一方面也减小了审题的难度，提高了理解题意的能力，要培养学生系统观察整体思考的习惯，学会通过“未知数是什么？已知数据是什么？条件是什么？”等问题厘清题意，找准其中的数量关系，构建解决问题的通道。

遇到图文结合呈现的实际问题，要引导学生通过“说”来理解题意。可以先说题目的图画、对话、表格以及文字叙述，找到重要的、与解题有关的信息，再说看到的事件、条件、问题，把情景图表现的实际问题加工成语言讲述的数学问题。学生的“先说”可能是不准确、不全面、不流畅、有重复的，但“再说”应该是准确、完整、精练、有条理的。数学信息通过学生的“先说”到“再说”，由无序到有序，逐渐有结构地进入头脑，促进了思维的条理性。这里的关键在于教学中必须超越日常生活过渡到数学思维，由数学语言取代日常语言，由不精确的表述逐步过渡到精确的表述，在实际教学中，有时还能看到学生的“先说”，却极少看到学生的“再说”，造成一些学生在理解题意的环节上出现缺漏，陷入被动学习解题的境地。

除了“内部”表征题意，还可以“外部”表征题意，即通过图形、表格、模型等外部形式表示题意，从而减轻大脑的工作负担。这些外部形式能比较直观地显示实际问题中数学信息的相互关系，有助于学生完整地理解题意，厘清数量关系。

2. 教学解题思路，形成分析数量关系的策略

发展学生的数学思维是解决实际问题的一项重要任务，要通过教学解题思路来实现。如果学生的解题方法只是凭借原来的生活尝试或经验，没有学会解题思路；只是停留在原来的形象思维水平上，没有转移到数量关系的推理上，没有基于各种可能性的综合分析得出普遍的结论；只是维持在课前的程度上，没有得到新的提升，思维没有发展，那么解决实际问题就失去了教育意义。

分析和综合是人类认识客观对象本质特点的基本思维活动。所谓分析，是在头脑里把事物、现象、概念等对象分成若干部分，分别研究各部分属性、特征的思维活动。所谓综合，是在头脑中把分析过的对象的各个部分、各个属性有机结合，联合成统一整体的思维活动。认识和把握较复杂的对象，不仅需要分析，也需要综合，它们总是相互配合的。

综合和分析的思想方法应用到研究实际问题的数量关系上，就是综合法和分析法。综合法“由因导果”，分析法“执果索因”，综合法和分析法都是以数量关系为对象的判断、推理活动，两种方法思考的起点和方向不同，在分析数量关系时经常结合使用。

把综合法和分析法作为解决问题的基本策略，是因为这两种分析数量关系的方法具有很强的基础性，数学学习、解决问题乃至日常生活中都会经常应用。而且综合法的“从条件想起”与分析法的“从问题想起”具有较强的可操作性，学生可以抓住这些特征展开有条有理、有根有据的思考，不仅能够解决问题，也能够发展数学思维。

传统的应用题教学十分重视这两条思路，只是教学方法不太适合小学生的年龄特点。现在解决实际问题，仍然需要教学这些思考方法，并且要采用符合学生年龄特点的教学方法。否则，解决实际问题的教学很难完成发展数学思考和培养解决问题能力的任务。

3．教学解题思路，遵循策略形成的一般规律

“思路”，顾名思义指思考的通路。学生形成解题思路，需要外界的指点和帮助，更需要自己“走通”解题之路。过去应用题的思路教学，外在的规定与制约太多，学生被迫接受强加的思考模式，而自己的思考却受到遏制，缺乏主动“走通”思考之路的机会。在模式化的专项训练中，学生感受到更多的是思路的“累”与“苦”，对思路毫无兴趣，更无感情，当然也不会主动地按综合法或分析法去思考数量关系。从本质上说，过去应用题的教学思路不符合学生的年龄特征与心理规律。

小学生形成解决问题的策略，一般要经过积累与感知阶段通常在一、二年级，体会与形成阶段一般在二、三年级，稳定与加强阶段一般在三、四年级。教授一些理解题意的方法，如列表、画图等，丰富解决问题的策略，有助于综合法或分析法思路的展开。

4．适当借鉴以往应用题的教学经验

数学应用题的出现源远流长。古埃及的《纸草书》、中国的《算数书》等古代数学典籍，都涵盖了较多应用题。传统的应用题教学，偏重知识的传授和技能的训练，不注重能力的培养，随着问题解决口号的提出，要求将纯粹数学和应用数学的问题统一起来，形成统一的“问题解决”教学模式，解决非常规数学问题，培育创新精神，逐渐成为主流意识，应用题不再是独立的教学板块，而是贯穿在“数与代数”“图形与几何”“统计与概率”各个领域之中。需要注意的是，过去应用题授课和练习课的教学方法和经验也不应该被全盘否定，全部抛弃，可以适当借鉴并改造利用，如马芯兰老师提出的应用题教学的基本原则与方法[①]。一是突出基本概念的教学。概念是人脑反映客观事物本质属性的一种思维形式，是构成知识体系的基本元素，学生只有

① 马芯兰、温寒江：《马芯兰小学数学能力的培养与实践》，山东教育出版社，2000。

切实理解和掌握好概念，才能运用概念去分析和解决问题，形成学习能力。基本概念是在知识与技能网络结构中，关键性的、普遍性的和适用性强的概念。“和”“同样多”“差”“倍”等，突出基本概念的教学，就是把基本概念作为应用题知识网络结构的中心环节，作为教学的重要内容。教学“求两数相差多少”“求比一个数多几的数”“求比一个数少几的数”这三类应用题，要抓住“同样多”和“差”这两个基本概念，在学生真正理解的基础上通过一一对应，让学生理解“比多”“比少”“相差”的概念，顺利解决问题。掌握基本概念就如同抓住了应用题知识网络结构中的纲，就可以纲举目张，就可以举一反三，触类旁通；二是运用知识迁移规律。前文提到，“数学思想引领课堂教学”就是基于数学思想构建高通路迁移，在解决人民币兑换问题时，要理解“1 美元兑换 7.31 元人民币”的本质就是 1 美元和 7.31 元人民币对应，如果把 5000 元人民币兑换成美元，其本质就是看 5000 里有多少个 7.31，再等量替换成相应的美元。带着这样的理解看“一百张纸重 2.4 克，7.2 克纸有多少张？”，和钱币兑换的本质是一样的，可以建构起相同的模型，先求有多少份，再根据对应的思想进行等量替换，这就在完全不同的事物之间找到了相同的底层逻辑，形成了完美的高通路迁移，构建的模型可以在两类题中通用，这样的教学活动，使学生感到新课不新，难题不难，学起来易于掌握，也能灵活地将所学知识应用到各种场景。三是教学过程要符合儿童的认识规律。心理学家指出，在教学中儿童智力活动的形成一般要经过五个阶段，“了解阶段”“实物操作阶段”“外部言语参与阶段”“内部言语参与阶段”“智力活动简约化阶段”，基于这样的心智活动模型，我们要密切联系学生学习、生活的实际，按照儿童智力活动的规律来开展教学活动。在“了解阶段”用生动有趣的讲解或演示让学生获得一般表象和初步理解；在“实物操作阶段”注重学生动手操作、练习；在“外部语言参与阶段”要关注的是学生的口头表达，同时借助线段图等外部语言支撑工具，帮助学生理顺思路；在“内部语言参与阶段”最重要的是努力营造思维可视化的环境，让学生的思维外显，并通过集体交流达成优化，这也就完成了“智力活动的简约”。整个智力活动形成的过程和规律，“不只对低年级儿童有效，随着儿童学习材料的复杂化和深刻化，在任何新学习开始，都要经过智力活动的这些阶段”。[①]

第三节　解决问题策略的内化和反思

策略的回顾、内化和反思是学生形成策略不可缺少的环节。

在他们的解题过程中，提取策略时需要组织学生回顾和反思所进行过的解题活动，从中提炼和概括数学思想方法。这就是学生把自己的解题作为认识对象的元认知活动。过去的教学没有这个环节，教学的解题思路和学生的解题思考相脱节，导致解题思路从外部输入而强加给学生。一部分学生难以内化思路，学不会，用不上；一部分学生花了很多时间，才使教学的思路勉强成为自己的思考方法。

1. 让学生经历过程，建立问题表征

在实际遇到问题时，学生能够主动辨析问题的特点，从多种方法中灵活、快速地筛选出合适的方法来解决问题，我们才能说学生具有了策略意识。而在各种策略分单元编排的时候，“辨析问题、选择策略”的过程常常是被省略的，所以教学中会出现这种现象：教画图的策略时，学生都知道用画图来解决问题；但在没有任何提示的情况下，面对一个典型的、可以画图解决的问题，学生却想不到画图。我们读“曹冲称象”的故事，感叹曹冲的聪明，那是因为

① 朱智贤：《儿童心理学》，人民教育出版社，1979。

曹冲在没有提示的情况下，想到了转化的策略。如果有人提示，我们还会觉得曹冲聪明吗？至少得打个折扣！例如，在教授“倒推”策略的时候，如果延续一贯的注重解题的教学方式，能“熟”却不能“巧”，甚至有时“熟”能生“笨”，学生会解题却未必有思维品质和策略意识的提升。怎样判断自己的课是否过于注重解题呢？教师至少可以追问自己：这样教策略，和“问题解决”的课有什么区别？

策略意识的获得要依赖能体现策略特点和价值的方法的使用，“在方法的使用中领悟策略”，这一点应该是大家都能认同的。实际上，策略和方法有时就是一体两面的，比如画图、列表、方程等。以“倒推”教学策略为例，如果我们把“倒推”定位为策略，其对应的方法是什么？是列表法（教材例 1），是摘录条件法（教材例 2），还是流程图、箭头图？都是，又都不是。与“画图”“列表”相比，“倒推”这两个字对方法的暗示是不精确的。我们需要将“倒推”两个字加以分解，才能获得体现“倒推策略”特点和价值的、可操作的方法。也就是说，要把描述结果的、静态的“倒推”，还原为动态的、过程化的“倒推”，这一过程包含解题，但不限于解题。其实，“倒推”的策略可以分解成三个可操作的步骤：正着记录—倒着计算—正着验算。

有老师可能会说，“倒推”也有抓手啊！箭头图不就是一个很好的抓手吗？的确，箭头图或者流程图很适合用倒推策略来解决问题。只是，我们要追问，这一方法是体现“倒推”策略唯一的方法吗？当然不是。是体现“倒推策略”最好的方法吗？未必！因为方法的优劣有时视具体的问题而定。但很多老师并不能意识到箭头图的局限，当在教学中把箭头图或流程图作为教学的抓手时，往往又会陷入教具体方法的旧有模式，又把策略教“窄”了。我们要注意，在抓方法的同时，我们重在抓住“表征”，或者说是通过抓“表征”来抓方法。

为什么要把教学重点放在对问题的表征上？因为，“辨析问题、选择策略”的过程是不应该由教材或教师替代学生进行的，必须让学生亲身经历、体验和感悟。只有这样，学生才会发现这类问题的特点，并且有能力去表征这类问题。何况，在学生熟悉方程的方法之后，面对知道结果、追溯起始状态的问题，可以不用再“倒过来推想”，那么，今天教的内容对他后续发展的价值何在？信息加工理论的学者认为，有了正确的表征，问题就已经解决了一半。布鲁纳更是直接说：“学习的重点不在于记忆，而在于编码。”表征（编码）的重要性在“倒推”的教学中表现得尤为突出。当学生乐于并有能力表征这些要追溯起始状态的问题时，计算已是水到渠成的事。而且，此时的计算只是学生策略意识提升后的副产品，我们的教学早已超越了对计算结果的关注。而学生获得的用自己的方式表征问题的意识，才是对其后续学习极具价值的存在，从某种意义上说，“数学化”乃至整个数学学科不都是在用数学的语言、符号来表征外在的世界吗？

2. 表征如何内化和提高

怎么让学生经历对问题的表征过程？笔者试着以“倒推”为例，列出几个要点。

第一，不要急于告知学生今天学习的是“倒推”的策略，因为此时，学生对适合用倒推策略解决问题的特点缺乏认识，“倒推”只是一个模糊的指示，缺乏对行为的指导。所以，当学生接触第一个例题时，教师可以把重点放在对问题进行摘录上。教师可以提出要求：“怎样摘录比较合适、简捷”“怎样摘录可以让别人一看就明白”。

第二，将箭头图、流程图、文字摘录以及其他可能用到的方法（比如直接列出算式、方程）先等量齐观，不要忙于做出优劣的判断，更不要过早地集中到一种方法上。对学生而言，自己的表征方法，自己懂、自己会用，是“有意义的”，但从简捷、完整、数学化等角度，不同的方法却有高下之分，需要教师帮助其进行优化和提高。这种优化可以这样进行：你是怎么摘录的？（呈现学生资源）你能说说自己的方法吗？（关注自己的思维过程）这么多摘录方法你都看得懂吗？（关注别人的思维过程）这些摘录方法有什么区别和联系？（引导学生辨别、比较）你认为怎样摘录比较好？（关注元认知）。这样步步“紧逼”，对学生的思维要求逐步提高，但又始终围绕着摘录（表征）方法的优化。

上述这一环节应该成为此课教学的核心环节，在一堂课中，如果教师要精讲两道或三道例题（不宜超过三道），则可以安排两次或三次优化摘录（表征）方法的“小循环”。第一次学生呈现的方法可能最原生态，数量多、思维水平参差不齐；到第二次、第三次表征问题时，学生的摘录方法会相对统一，比如，集中到流程图、箭头图上。这种集中的趋势和以下几点有关：其一，教师选择的例题。如果教师想集中以一种方法为主线，则选同类题，否则，选容易产生表征形式差异的问题，可能会产生多种摘录方法。其二，学生对“怎样摘录比较好”有了认识。部分学生经过对比，选择了同伴的更好的形式。其三，从众心理，或者“依葫芦画瓢”的模仿。其四，教师的要求。上述四点中，第二点正是我们教学的追求；第一点则取决于教师的选择，是教师的教学自主权；第三点要注意，教师要在巡视过程中，辨别“从众”和“形式模仿”的学生，让他们说一说为什么放弃了自己原来的摘录方法，追问这样摘录是什么意思等问题；第四点是教师要避免的。

特别要指出，这一环节的教学是考验教师的教学功力。因为这样是“贴”着学生产生的水平层次不同、表现形式各异的教学资源去教，是“贴”着学生的思维和困难去教。而根据笔者课后搜集的素材，即便同样是“箭头图”，也有多种形式，“贴”着教既要兼顾全体，又要关注差异，是对教师课堂驾驭能力的挑战。

第三，从教学素材（例题）的选择上，教师可以注意不同类型题目的呈现。这里的“不同”包含三个层面：其一，表征方法的差异，比如，苏教版教材上的例1突出列表整理，例2突出摘录（其实也是流程图），其“练习十六”中有的适合画图（路线问题），有的适合操作（扑克牌换位置）。其二，难度水平的差异。在教学核心环节使用的问题要难度适中，使全体学生都能看到解决的希望，能参与到教学活动中来。同时，这一问题又包含丰富的信息和一定的延展性，使问题的表征有进一步优化的需要，能够推动学生思维的发展。其三，表征步骤的差异。有的问题要经过两次变换，有的还需要三次、四次，教师在教学中要注意让学生先接触变换次数少的问题，然后逐渐接触次数变换多的。在练习巩固的阶段，甚至可以让学生自己去变换，教师规定变换的次数，同桌互相出题，看看谁出的题目好。第二点和第三点是有交叉的，一般变化次数多就难，不过教师也要注意问题的结构，比如，同样是“赠送画片”的题目，若题干出现“一半还多1张”的条件，解题难度就增大了。

如果教师对自己应对学生反馈的能力很有自信，或者一贯比较注重让学生记录自己的想法，则可以多选择表征方法有差异的问题；如果班上的学生基础很好，或者教师前半段的教学很扎实，则可以注意使用步骤多、难度大的问题。在一堂课的教学中，教学素材不一定要尽善尽美，但教师要能意识到不同素材的差异，因为合适的教学素材能让教学事半功倍。

第四，要让学生从关注问题的答案转向关注问题的表征。当学生经历一次“摘录—计算”的过程后，有的学生就不再关注怎么摘录了，尤其是一些基础好的学生，他们甚至能直接列式解答，更不屑于条件摘录。“关注答案的获得和答案的对错，相对忽视解题和思考的过程”这是小学生学习的一个特点。那么，怎样让学生关注过程，而非答案？其一是如上文第二点所说的，教师的追问要指向学生思维的过程、摘录方式的比较与辨析；其二是课上要时时引导学生停下来回顾而不是一直埋头解题；其三是教师可以呈现一些题目，只需“把过程表示出来，不用计算”。

前文提到，要把一半的时间用在“表征”上，那解题怎么办？相信很多老师会这样反问自己。练习是必需的，方法的使用也需要练习，但基于这堂课的教学目标，未必要像以往那样练习。在学生经历了摘录方式的第一次优化后，教师可以呈现下一题，“不用计算，你先把这个问题摘录清楚”，这是对表征方法的一个巩固练习。对于基础不好的学生，教师可以个别辅导。教学当中可以让全班学生停下来看看黑板上呈现的不同方式，提醒大家要注意什么，怎样更全面、简洁等。对于基础好的学生，教师可以鼓励“换个方式摘录试试看”。甚至在教第一个问题时，当学生把问题都摘录清楚，列出算式了，教师就可以把计算跳过，“现在计算对大家都不成问题了，我们看下一题”。在这一环节，教师可以准备表征方式有差异的问题，比如“一半多 1 张”的赠送画片的问题，笔者感觉线段图似乎合适。让学生多尝试表征一些不同类型的题目，教师多呈现不同的表征方式（列表、箭头图、画图），这其实是在“逼迫”学生感悟更高层面的策略，不管哪种类型的题目，我们弄清楚了，就能解决。此处甚至可以不提“倒推”，因为，当学生遇到题目能主动地摘录条件，并能选择合适的表征形式，“倒推”的方法已经包含其中。这一点可以和概念教学中教“上位概念”的做法作一个类比，读者可以体会其中的相通之处。

第五，专项训练，提升对策略的敏感性。教材分单元（专题）编排的现状，客观上减少了学生在没有提示的情况下自主选择策略的机会，缺乏自主选择的机会，自然缺乏筛选策略的意识。分单元编排的思路为每一类策略提供了数量较多的、与某策略对应的、典型的问题。教师可以把使用不同策略加以解决的问题搜集起来（比如 10 道题），在课堂上一一呈现，让学生快速判断可以用什么策略来解决，如果不能用倒推，可以用什么策略。这既是对当堂教学内容的强化，也是对其他策略的复习，更能训练学生的筛选意识。对于有的问题所采用的策略，学生可能会出现分歧，比如学生以“画图”的摘录形式解决了一个倒推的问题，其策略是什么？这时，教师要抓住学生的分歧，“他说是画图，你说是倒推，大家认为谁说得对”，让学生进一步对方法和策略的认识精细化（“画图”侧重表征的形式特点，“倒推”侧重问题的逻辑特点）。在判断完所有的题目之后，教师追问，“一般在怎样的情境中，可以用到今天学的策略”。

课堂教学中，教师有意识地后退，把舞台让给学生，展示学生的思考；把时间留给学生，等待学生自己感悟，这样的教学有点难！这种“难”不仅仅体现在教学技艺的层面，更难在教学理念的突破。教学是放手的艺术，而放手是需要勇气和底气的！由此，我们可以把不同策略的教学“打通”，比如“画图”策略的教学，何尝不是需要我们关注问题的表征？何尝不可以把教学重点放在引导学生优化画图的方法上？何尝不可以让学生辨析、比较不同的画图方法，经历画图的过程？何尝不可以让学生快速判断相关题目分别用什么策略？何尝不可以把体验和感悟的时空，留给学生？其他内容的教学呢？何尝不可以。

因此，引导学生关注问题表征，让学生经历知识的过程，让学生的经验有个内化提高的过程，注重引导回顾和反思，逐步形成学生用数学的方法解决问题的意识，最终形成解决问题的能力。

下篇

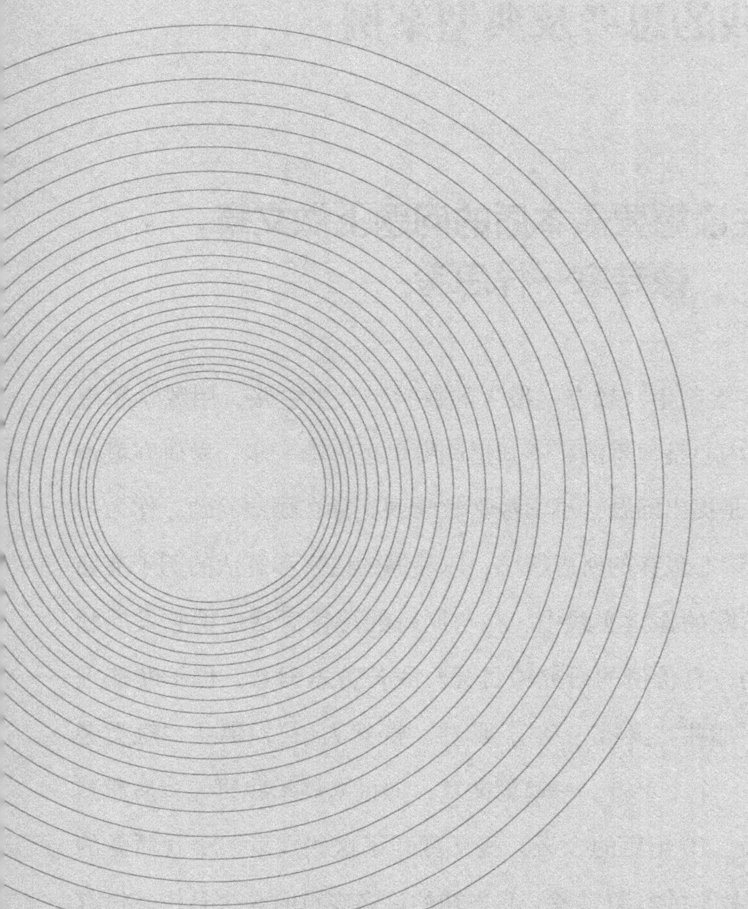

第五章
我的思考及典型案例

第一节　在最重要最本质的问题上做文章，像专家一样思考

2012年，当我第一次萌生“教有‘根’的数学”教学主张，用数学思想引领课堂教学时，我的内心是惶恐的，不知道朝哪里迈出第一步。做研究最难的，不是回答问题，而是提出问题，小学数学教学到底存在哪些问题，作为一线教师，我怎么才能把内心最深的所思所感，以易懂的语言和鲜活的例子准确直观地描述出来，在不断的探索实践中、在与同行的持续对话中把它发展壮大，成为更多人关心的、有价值的研究项目呢？我苦苦思索着，也不断梳理着、记录着，慢慢地，那些“灵机一动”，那些“恍然大悟”，那些“触类旁通”都旁溢而出，变成一个个字符、一篇篇文章，向世人展示我研究背后激烈的智力活动和反复实践。10年后的今天，我又翻开了这些文章，令我骄傲的是，因为始终试图回到教育的本源思考，我当初的许多观点时至今日依然没有过时，比如，2014年发表在《江苏教育》上的文章《让学习触及数学的本质》，我的核心观点就是“教学要在最重要最本质的问题上做文章，让学生经历像笛卡尔一样类似的思考”，而这个观点，刘徽教授在《大概念教学：素养导向的单元整体设计》一书中，也有相似的表达。她说：“纵观全世界的核心素养或关键能力，虽然它们不尽相同，但都可以划分为两大素养群，即专家思维和

复杂交往。”[①] 专家思维也是杜威、布鲁纳、加德纳、帕金斯等教育家们所强调的，加德纳将“学科智能”列为“面向未来的五种智能”之首，他认为学生只有超越具体的事实和信息，理解学科思考世界的独特方式，未来他们才有可能像一个科学家、数学家、艺术家一样去创造性地思维与行动。素养导向体现在课堂上，重点就是要从教授专家的结论转向培养以创新为特征的专家思维，附上我的原文，让我们一起来思考，在小学数学教学中到底怎样才能做到“像专家一样思考”。

让学习触及数学的本质

当前课堂教学普遍存在重“形式”轻“本质”现象，在教学活动中，没有引导学生从数学知识本源性的实质去思考和探究，学生获得的多是陈述性知识，对程序性、策略性知识却知之甚少。这不能不引起我们的重视。

一、现状描述

以苏教版小学数学五年级下册“用数对确定位置”一课为例。“用数对确定位置”内容是课改后小学数学中新增的内容，因为新鲜而受到不少名师和新秀的青睐。笔者近几年对这一内容的教学听了高达数十节课，多数课堂似乎不听就知道下面的程序是什么，几乎有了一个固定的模式。

首先，通常都是从座位表引入。（如图 9）

座位表（见图 9）中讲台位于最下方，这样孩子们习惯从前往后数正好对应着座位表中从下往上的方向，与坐标系中纵轴的正方向一致。然后在教师的

① 刘徽：《大概念教学：素养导向的单元整体设计》，教育科学出版社，2022。

引导和要求下用统一的说法即“第几列第几行”（或“第几组第几个”）来描述位置。这是为了和后面坐标的先横后纵一致起来。

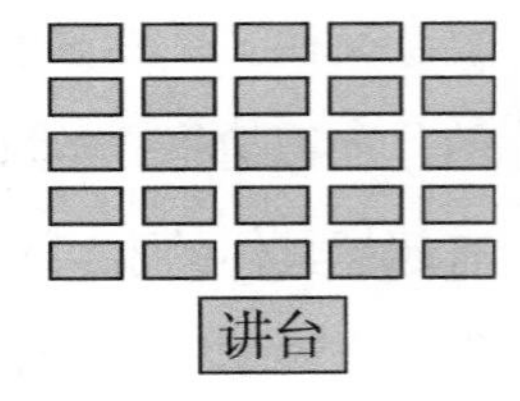

图9 座位分布

在坐标系尚没有建立的时候，就开始限定学生用单一的第几组第几个（或第几列第几行）来描述位置似乎并不妥当，我认为这时候学生的描述应该是多样的。

紧接着教师提出这样的问题：“第3列第2行”太麻烦，能否再简洁些？

于是学生开始了各种创造：3–2，3.2，3（2）等。

我觉得这个问题的提出有些牵强，首先没有任何解释和说明，仅凭3和2怎能确定位置呢？“从左数起的第3列，从下数起的第2行”与“3，2”提供的信息量并不是对等的。其次这个问题也不具有探索性，要求学生简洁地表达，他自然要舍弃些内容，而3和2是必须留下的，所以没什么意义。

最后教师会组织小组讨论体会用数对的标准表示（3，2）“用逗号隔开，外加一个括号”的合理性和优越性。教学的重点放在了看似让学生经历一个自主建构（创造数对的表现形式）的过程，其实这种自主建构是虚假的自主建构，是一种“舍本求末”的体现。我认为数对的表示形式有其道理，但数对最终选择这样的表示形式还是有一定的偶然性和规定性。

我们看到，多数老师所做的努力其实是为了让学生记住一些规则（如横轴从左往右，纵轴从下往上，坐标先横后纵及标准写法等），给这些规则赋予了人为的意义（如因为座位从前往后，所以纵轴就得从下往上，这之间根本没有什么因果关系）。在这个过程中，教师厚此（数对确定位置）薄彼（自然语言描述位置），认为前者简洁因而有数学味，后者似乎只是为了在对比中体现数对的优越性而存在。

这样的教学是典型的舍弃了数学的根本，或者说是偏离了数学的本质，在数学知识的表面上做足文章，而没有让学生触及数学的本质内涵。

二、分析思考

数学本应该是给学生自主建构的机会，应该给学生一个有“根”的数学，应该是对数学内容和方法的本质及规律的理性认识，是对数学内容和方法的进一步抽象和概括，要让学生的数学学习触及数学的“本质”。“位置”，本就应该由学生自己来确定！但是在上述的教学中我们看到的是教师的强制性给予，学生只是被动地接受。

首先，不断追问“怎样更简洁地表示”中“逼”出数对这一过程毫无自主可言。在低年级学生学习“上下左右”等方位词时，如果学生说“小明在第3个”老师一定会追问“是从左数起的第3个，还是从右数起的第3个？”让学生明白描述位置时方向的重要性。学生终于学会完整描述位置时教师又开始嫌不够简洁。要完整时就得完整，想简洁时就得简洁，这一切不都是教师或者教材的需要吗？换个角度，这样的表示简洁吗？从学生思维的角度看，未必！对初学者来说，用数对表示位置，要克服习惯思维“要先看列再看行；要从左往右、从下往上看”等反倒更复杂。

其次，许多规定，如坐标轴的方向、数对中的序、数对的书写形式等主要还是一种规定，既是一种规定也就是带有偶然性的约定俗成。对学生而言知道并记住这些规定就足够了。本是偶然现象，在此之上大做文章非探究出必然的原理来，有必要吗？其实，用数学的形式表示位置，其关键不再强调“简洁”，更重要的是强调这种表示的统一性和结构性：所有的人都这样表示。因此，教师要知道，这种表示的统一性、结构性的价值要远远大于简洁性。

既然强调简洁，强调数对的形式不是知识的本质，那么什么是确定位置的本质？学生自主建构的点在哪里呢？只有找到本质的东西，建构才有可能！

本质的，一定是必然的。当我不清楚什么是必然时，循着数学发展的轨迹探索不失为一种办法。于是，我想到了笛卡尔。教学这一内容时，大家都会提到他。但是无论是前述所谓的探索还是教材上的简单告知，似乎都不足以体现这一“数学史上最伟大的发明”应有的思维含量。

我反复问自己，什么是本质的？思考后发现必然的东西应该是本质的。什么是思考后必然的东西？我选择了维数和坐标系。怎样让学生能认识到建立二维坐标系是必然的呢？

用数对确定位置的本质是一个数对对应着平面上的唯一一个点，最重要的是对“原点（参照点）、方向、单位”的感悟、体会。但我后来又矛盾了，这不就是我们中学数学必须要学的平面坐标系的三要素吗？坐标系都无法解释，如此抽象的坐标系的要素又怎么可能让学生去体会呢？我十分茫然。后来，王尚志老师的话让我感触颇深：“不要以为描述一个位置是一件很容易的事。”“照片中，以 ×× 为中心，谁谁在他的前 2 右 3，不就可以看成（–2，+3），实质是一回事。认为后者才是数学的，这是十分狭隘的观点。”我原来觉得清楚地描述一个位置是学生已有的知识，而从自然语言描述到用数对来描述，我们肤浅地认为数学化仅仅体现在形式化或者简洁化上。我思考：在自然语言里，本身就包含着参照点、方向、单位等要素，而从自然语言描述到用数对描述的前提是建立平面坐标系，目的只是使得这些要素和数实现了分离。这二者之间更多的是联系而不是厚此薄彼。我豁然开朗！所以不必非得建立形式化的坐标系，在用自然语言描述位置时就可以对这些要素进行体会，位置完全可以由学生自己确定！

数对确定位置，道理不在数对（坐标）本身，而在于要“实现用数对确定位置究竟需定下哪些要素”，这正好与笛卡尔思考的“如何实现点与数的对应”这个问题是一致的。坐标系，只不过是这些规则的物化罢了。把建立坐标系替换成制定规则、在规则中分解出坐标系的要素（原点、方向、单位）让学生体会，在最重要最本质的问题上做文章，学生经历着类似笛卡尔那样的思考，这才是让学生自主发现并建构的数学！虽然课堂上我们不提这些要素，但是当学生到了初中接触这一内容时，脑海中突然闪现出“蓦然回首，那人却在，灯火阑珊处”的似曾相识的美妙感觉，我们的这些努力就是值得的，我期待着！

三、课堂实践

有了这个想法之后，随后的教学几乎就是自然而然的了。无论是一维空间、二维空间还是三维空间，数与点之间的一一对应性（即一个数或一个有序数对、有序数组对应于空间唯一的点，反过来，空间中的一个点也只能用唯一的数或唯一的有序数对、有序数组来表示）是用数对确定位置的本质。小学阶段所学习的“用数对确定位置”是用有序数对来刻画二维空间中某点的位置，即在二维直角坐标系（平面直角坐标系）中研究点的位置是如何用数对来刻画的，虽然小学阶段所学习的坐标系是真正坐标系的雏形，但也具备坐标系的三个关键要素：原点（参照点）、方向、单位。在唯一确定的直角坐标系下，一个有序数对就与平面上的某一个点建立了一一对应关系。

因此，课堂教学中所有的学习活动都需要以这种一一对应关系为前提和基础，有了数与点的一一对应，就方便于沟通、交流和表达了。教学中，可以创设“打地鼠”游戏情境，通过让生 A（看屏幕）描述地鼠的位置，生 B（不看屏幕）根据生 A 的描述找出地鼠的位置。情境图从一排树洞（一维空间）到多排树洞（二维空间），学生描述从“文字描述”到后来的两人商量合作只用“两个数”来表示地鼠的位置。这一环节的教学旨在让学生先建构一维上的规定，再建构二维上的规定，从文字描述到用两个数描述，重在让学生经历空间结构化、抽象化的过程，通过学生间的自定标准（这里并没有统一标准，如说列，学生可以从下往上，也可以从上往下）来描述对应的位置，在此过程中初步体会和感悟两人规定的必要性和合理性。没有花费更多的时间去让学生创造“数对”来描述位置，不去关注用两个数表示位置的外在形式。

随后，让学生用自己的规定来描述教室里同学的位置，在交流的过程中发现同一个数对竟然能表示几个学生，或者同一个学生可以用几个数对来表示，让学生在相对矛盾冲突中感受到统一规定的必要性和合理性，从而确定了用数对表示平面图上点的位置的顺序（先列再行）、方向（从左往右、从下往上）。

在确定了数对位置的顺序和方向后，通过引导学生比较两个（1，5）（见图10）点所在的位置发现，还会出现同一个数对表示的点不同，或者同一个点不是同一个数对表示，从而进一步引发了学生的思考：用数对确定位置，除了规定顺序和方向外，还要规定图中的原点（参照点）（0，0）。这样的教学设计，让学生充分经历了结构化、抽象化的过程，并体会到数学规定的必要性和合理性，让学生经历了整个类似平面坐标系的形成过程，感悟到用数对确定位置的本质。

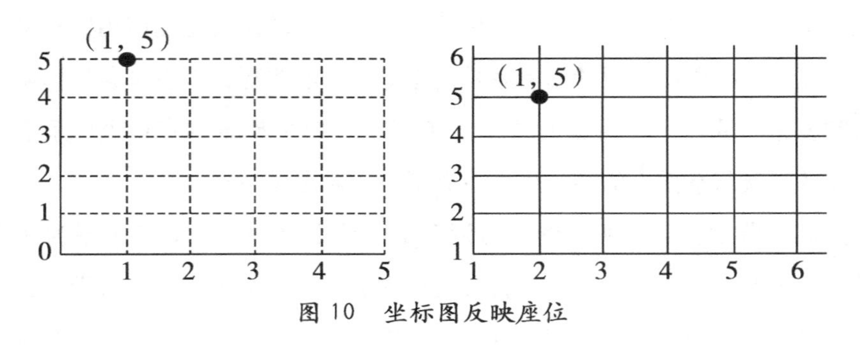

图10　坐标图反映座位

最后，也可以引入学生常见的魔方，让学生明白：有时，用两个数表示一个点的位置是不行的。从而使学生的认知从最初的一维空间、二维空间，到三维空间，使得学生的思维空间有了进一步发展。

雅思贝尔斯指出：“全部教育的关键在于选择完美的教育内容和尽可能使学生之‘思’不误入歧途，而是导向事物的本源。”关注数学本质，给学生一个有“根”的数学，以“再发现”的方式让数学思想、方法、精神根植于学生数学学习的过程中，有助于促进教学方式和学习方式的根本性改变，使得学生有机会通过自己的发现获得新的数学知识、技能、方法及思想，在探究发现的过程中领悟数学的真谛，从而发展成为一个“具有数学思想和精神”的人。

（注：此文发表于《江苏教育》2014 年第 9 期，收录时略有修改）

第二节　从“生活数学”到“学校数学”，走进知识的内核

数学可以被定义为“模式的科学”。就是指，数学并非对具体事物或现象的直接研究，而是以抽象的模式作为直接的研究对象。人们可以通过日常生活与劳动获得一定的数学知识，这种“生活数学”不仅涉及了一定的数量关系，还与各种具体的情境直接相关，使人们清楚地认识到数学是一种有意义的活动，这是“生活数学”的优越性。但“数学的力量源于它的普遍性”（弗赖登塔尔），这是数学抽象最基本的一个意义，而“生活数学”的一个明显不足之处就在于局限于特定的情景，相应的数学知识和技能不具有较大的可迁移性。巴西学者德渥布罗西以巴西建筑工人为对象做过一个实验，那些没有受过正规学校教育的工人，在面对较为熟悉的比例时，一般能够正确且迅速地求得图纸上某个尺寸所代表的实际数据，但如果他们面对的是不熟悉的比例，就会表现出很大的局限性。这一研究充分说明了从“生活数学”过渡到“学校数学”的必要性，数学抽象是对各个具体情境的一种超越，是一种建构活动，一定程度上意味着与现实的分离，让我们可以完全脱离具体情境从纯逻辑的角度去考虑各种新的可能性，这也为思维的自由想象提供了更大的可能性。作为一线数学教师，在面临各个特定数学概念的教学任务时，我们应善于利用学生已有的知识和经验（包括源自日常生活的知识和经验）作为新的学习活动的重要基础和直接背景，

努力搭建“生活数学”走向“学校数学”的桥梁，走进知识的内核。

搭建“生活数学”走向“学校数学”的桥梁

——以“乘法分配律”教学为例

一、课前思考

观摩过好多课堂，我发现一些老师非常注重“如何教”，却不注重学生“学什么”“如何学”，就好比带学生去冠绝天下的苏州“拙政园”参观，却一直在“围墙外”绕圈，没有深入到园林内部去体验和感受它的精致和巧妙，学生只能粗略浏览，走马观花。学习也是一样，如果不能把握知识的“本质”，触及不到知识的“内核”，学生的学习只能浅尝辄止，无法进行深度学习。本文试图以“乘法分配律”内容教学为例，阐述如何从知识的“本质”出发，有效促进学生的深度学习。

乘法分配律是学生在已经学习掌握了乘法交换律、结合律，并能初步应用这些定律进行一些简便计算的基础上进行学习的。乘法分配律是运算律单元的教学重点，几个版本的教材基本上是按照分析题意、列式解答、举例类比、观察发现、应用提升等层次进行的。学好分配律是学生后续进行简便计算的前提和依据。后面的学习中会不断地出现分配律的应用，如学习小数、分数的简便计算，都会使用到分配律，包括拓展到乘法对减法的分配律、三个数的和与一个数相乘等。因此，乘法分配律的学习显得尤为重要，可以说是所有运算律中应用最广的。

那么乘法分配律教学的起点到底在哪里？应从生活中引入还是从运算中引入？人教版、苏教版、北师大版都是从购物等生活问题中引入乘法分配律，让学生通过举例，在归纳、推理、比较中逐步发现蕴藏在其中的规律。前期我的教学设计也是按照这样的思路进行的，但在实际教学时总感到不顺，学生也感到理解困难，学生在实际应用中也不太顺手，明明都能说出分配律的内容和表现形式，为何做题中却频繁出现错误？我思考：我们一直把分配律当作一个全新的知识来教学，学生感到比较陌生，其实仔细想来，早在二年级学习“两位数乘一位数”以及口算时学生就开始不自觉地使用乘法分配律了，如 12×3，口算时用 $10\times3+2\times3$ 的方法，其本质就是使用的乘法分配律，只不过当时没有把它提炼出来转化为学生的自觉认识，而是从乘法意义的角度予以解释说明的。乘法分配律的本质实则是乘法计算的算理和支撑，有效教学的起点是学生的计算经验而非日常生活，应以此为切入口设计教学。乘法的原理是不是就是学生学习分配律的“最近发展区”？是不是就是学生思维生长的那个关键节点？想到此处，我突然冒出一个想法：教学乘法分配律时何不尝试从乘法的意义入手，让学生在回顾乘法过程，理解乘法算理的基础上很自然地得出乘法分配律，让规律自由“生长”出来！学生不但知道乘法分配律从哪里来，也比较容易理解乘法分配律的意义，而且能理解得比较深刻，有利于学生知识的掌握，从而促进他们的深度学习。

我在期待，这样的教学，会不会让学生有一种“蓦然回首，那人却在，灯火阑珊处”的“顿悟”感？同时，我更期待，学生在心底自然而然地“生长”出规律后，会不会这样去反思：很多内容，如果我们能思考和比较得更加深入一点，多一个角度去观察，是不是会自然地“生长”出更多意想不到的知识和规律呢？

二、教学实录

课前：在黑板上板书 5×3 和（5+4）$\times3$ 两个式子，问：各表示什么意思？

(一)复习旧知，引出问题

1. 问题引入

(1)出示：25×14

师：算式表示什么？如何计算？把算式写在作业本上。

反馈：学生展示自己的作业并说说怎么计算的。

追问：指着100问，怎么算的？(25×4)怎么算的？刚刚我们在计算25×14的时候先算什么？再算什么？

根据学生回答板书：25×4、25×10(写在25×4的右面)。

师：然后呢？(加起来)。随即在25×4和25×10之间写个"+"号。

师指着25×14=？问：这表示什么？(14个25是多少)指着25×10+25×4，问：表示是什么？(10个25加上4个25)

引导学生观察黑板上的两个式子：

25×14　25×10+25×4

师：两个算式有什么不一样？(把14分开了)怎么分的？

板书：25×(10+4)，写在上两个式子中间。

25×14　25×(10+4)　25×10+25×4

引导学生关注：左侧表示14个25，中间是10与4的和乘25也表示14个25，右侧10个25加4个25。

师：现在可以在这三个算式之间画"="吗？根据学生回答，随即在三个式子间写上"="。

(2)出示15×12

师：这个算式能写出这个模式吗？又表示什么呢？

生：15×12=(10+2)×15=10×15+2×15。师板书。

追问：相等吗？谁能说明白为什么？

（3）出示：23×16

师：你能写出上面的格式吗？在本子上写一写。

生完成后，师板书：$23 \times 16=（10+6）\times 23=10 \times 23+6 \times 23$。

同意这种写法吗？为什么？

擦去第一列算式，还相等吗？如果给你最右侧的算式，你能推导出左侧的算式吗？

2. 尝试探究：先做后说

尝试问题 1：

$(20+3) \times 37=$

$(10+9) \times 23=$

$(32+25) \times 74=$

学生独立完成后上台展示，引导学生观察等号左侧和右侧的相同与不同，发现什么？

以板书为例，联系等号左右的关系。

引导学生发现：左侧三个数，右侧三个数。

你能说出一组这样的算式来吗？

师：看来大家都能解决这个级别的问题了，我把难度提高一点，你还会吗？

尝试问题 2：出示 $(16+\triangle) \times 51=$

$(\triangle+\square) \times \bigcirc=$

$(a+b) \times c=$

3. 比较归纳

师指出：这就是乘法分配律，而且有自己的语言表达形式。

学生尝试用自己的语言表达后教师进一步完善乘法分配律的表述。

师：对于发现乘法分配律的过程，你有什么想法？

生：看来，只要我们认真观察，深度思考，就会发现最常见的计算里面也蕴藏着一些重要的数学运算规律！

（二）回顾反思，感悟规律

师：同学们回顾一下，在我们学习过程中，还在哪儿看到或者用到过类似乘法分配律呢？

根据学生回答呈现相关内容（略）。

学生在经验的有效激发下，回忆起诸如长方形周长计算的两种方法之间的关系、两个图形面积之和的不同算法，在回忆和比较中将以前学习的知识与当前学习的知识串联。

（三）应用规律，巩固提升

过程略。

（四）总结回顾，深化认知

师指着（5+4）×3 算式说，“分配律”，就是先“分”后“配”的规律，引导学生从算式意义的角度，一步步梳理和板书出“分”“配”的过程。

师：今天这节课，你有什么收获，从中你得到什么启发？

师：很多时候，我们面对熟悉的知识、情境、问题，可以试着往深处想一想：这些知识的背后，是不是蕴藏了一些规律？是不是隐藏了一些看不见的奥秘？经常这样往深处去思考，我们的思维会变得更有深度！

比如：（指着黑板）这个地方是加号。那如果是减号又该如何呢？乘法分配律除了支撑乘法的算理，还有什么其他作用呢？

让学生带着思考下课。

三、课后思考

本节课，大胆变革，重在从计算入手，从学生已经学过的两位数乘法开始，一步步引导学生从计算的“本质”出发，促进学生的深度学习。

首先，在探索运算律的过程中感受“演绎推理”的价值。在此过程中，尝试让学生从“演绎推理”的角度，来感悟“乘法分配律”是在计算的基础上自然而然产生的规律，探究算理的过程，就是“生长出”规律的过程，让学生明白，“运算律”就隐藏在我们常见的运算之中。多数教师在教学这部分内容时都是从生活中的事例出发，通过大量举例后比较发现规律，利用合情推理的思想方法组织学生探究规律。而上述教学案例则是从“事理”走向了“算理”，让学生利用演绎推理的思想方法来探究规律，让学生在探究规律的过程中获得一种“顿悟”感，初步感受小学阶段利用“演绎推理”的力量，也让学生从“意义”“算理”等本质角度展开他的学习之旅。应该说这样的学习更具有深度，更接近数学的本质，让学生更容易理解和接受，也对“分配律”的理解更加深刻。当学生说出“常见的计算里面也蕴藏着一些重要的数学运算规律！”时，那种美妙的感觉真好！

其次，在反思的过程中，学生通过对计算的过程进行分析，从而发现了乘法分配律。反思后对规律先用自己的语言来描述，此时属于“语言表征”，在学生描述的基础上引入“符号表征”，体会数字换成符号同样可以表征规律，而且更具有一般性。随后，在回顾环节，学生不仅回忆起学过的大量计算的算理运用了乘法分配律（如 12×3 的口算过程），而且回忆起周长的两种计算方法之间也有分配律，此时借助学生的回答，教师呈现诸如图 11，让学生将符号表征与图形表征相结合，此时又对分配律进行了“图形表征”，从而对乘法分配律的理解和记忆更加形象、深刻，同时也初步感受数形结合思想和模型思想。

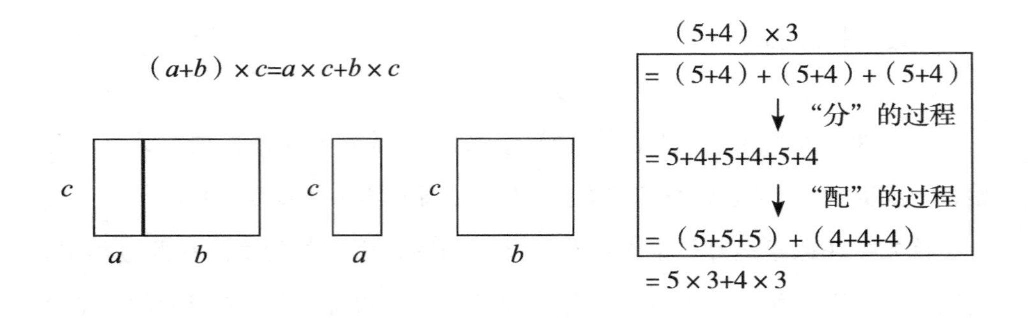

图 11　乘法分配律　　　　图 12　加法交换律和加法结合律

最后，在理解本质意义的过程中让“深度学习”发生。课前，我进行了一个简单提问，5 × 3 表示什么？（5+4）× 3 又表示什么？这里看似简单的提问，其实是有深意的。目的是让学生从乘法意义的角度，来搭建乘法和加法之间的联系。乘法分配律是运算律中唯一包含两种运算的规律，是沟通乘法和加法（减法）之间关系的运算律，这与其他运算律也是有很大区别的，为后续学生的认知进一步拓展建立深刻印象。后续学习探究乘法分配律，也是从乘法意义的角度来分解出相对应的等式，在观察等式的基础上来发现规律。最后应用总结阶段，我回到课前的简单提问“（5+4）× 3”，引导孩子经历了一个别样的先“分”再“配”的过程（见图 12），学生（包括听课老师）看到板书时那种“恍然大悟”的画面，真的是一幅美丽的风景。这样的教学，无疑是从“本质”出发，从意义入手，让学生沿着知识的“本源”探究，让学生触及数学学科的本质，展开深度学习和思考无疑是一种有益的尝试。

（注：此文发表于《小学教学研究》2020 年第 11 期）

第三节　感悟数学思想，掌握数学方法，让学习触及数学本质

作为“模式的科学”，数学反映的是具有相同数学结构的一类事物或现象的共同性质，数学的研究是“深层结构”的研究，追求的是由现象深入到本质的思考，在更高的层次上不断对已有的知识进行重演，从而使其成为更大结构的一部分。由于模式的建构与研究在一定程度上意味着与现实分离，从而为思维的自由创造提供了最大的可能性，而思维的创造能力对人类而言具有特别的重要性，人类最大的特征是“具有随着时代的节拍不断进步发展的性质，即具有发明发现和创意创新的能力，要启发人类独有的这种高贵的性能，莫过于妥善利用数学教育。”[①] 由此可见，对于数学的思维功能我们将其理解为“有利于人们逻辑思维的发展”。事实上，数学不仅有利于发展人们的逻辑思维，而且也有利于人们的创造性才能，包括审美直觉的发展，现代认知科学理论也证明了这一点，数学有利于人的右半脑和左半脑均衡发展。理解了数学学习的特殊重要性，我对课堂就多了一份敬畏，也坚定了我的教学追求——“教有‘根’的数学”，让学生学习触及数学的本质，落在日常教学中，就是要新在思维过程上，高在思想性上，好在学生参与活动的深度和广度上。

把握数字学科的本质

要想把握数学学科的本质，并不是一件容易的事。著名数学家张景中指出:“小学生学的数学很初等，很简单。但尽管简单，里面却蕴含了一些深刻的数学思想。”因此，在教学中，透过表面的知识与技能，让隐含其中的数学

① 米山国藏:《数学的精神、思想和方法》，四川教育出版社，1986。

思想凸显出来，在掌握知识技能的基础上，让学生感悟数学思想的魅力，掌握数学方法，让学习触及数学的本质，给学生一个有“根”的数学理应成为我们的教学追求。

数学思想是数学的“根”。数学思想是对数学知识、方法、规律的一种本质认识，常常依赖理解、感悟获得；是数学知识、数学方法的灵魂。教师要善于挖掘和提炼隐含于教材中的数学思想，重在让学生经历、感悟、体验、发现、创造数学基本思想的过程。为此，我们应在关注知识和能力的基础上，变革学习方式，关注数学探究的过程，把数学思想作为指导我们教与学的根本，让学习彰显数学思想的力量。

首先，要深挖教学内容，凸显数学思想。教材是教师开展教学的主要课程资源，如何把握教材，吃透教材，确定好教学内容，与教师的观念、思想、能力有关。对于教材，更重要的是透过显性的知识和技能层面，深挖隐含于知识中的策略、思想等程序性知识，在研究把握学习内容时要有“数学思想”的高端目标意识。如果把基础知识、基本技能作为学习的唯一目标，长此以往，学生的学习就会变得比较浅显，高阶思维得不到发展，数学思想依然会沉睡在海底，其光芒和力量得不到彰显。把握教学内容时，我们应更多地考虑如何抽象、如何推理、如何建模、如何应用等，应当更多地把视角从陈述性知识转向程序性知识，把学习的重心落到数学思想和关注学生数学核心素养的形成上。

例如在教学“三角形的面积”内容时，我们不仅仅要看到平移、旋转的技能，更重要的是把握平移、旋转背后有着“转化思想”的支撑；不仅仅要让学生掌握三角形的面积计算公式，更重要的是让其知道面积公式的由来，以及为什么要除以 2；不急于计算，更重要的是要让学生在操作、比较、猜想、验证等过程性学习中思维得到发展。

其次，要经历探索过程，发展数学思维。孙晓天教授指出：“学生在探索、挖掘和发现的过程中产生的思维活动，就是数学基本思想的再现。”要让学生在具有一定“含金量”的思维活动中，发展自己的数学思维，培养自己的数学意识，形成自己的数学能力。组织学生学习数学时，要尽可能充分展现知识形成过程，让学生亲历知识的再创造、再发现，要有意识地让学生感悟数学思想，提高发现问题、分析问题和解决问题的能力，逐步培养其科学态度、理性精神和创新意识等数学核心素养。

例如，教学“圆柱的体积”内容时，根据教材编排，在实际情境中提出问题后，通过长方体、正方体的体积计算方法迁移引发学生的猜想，随后组织学生利用学具进行探索，验证自己的猜想。由于此环节操作有一定困难，好多老师会用教具操作来代替学生的操作，学生原本探索的任务简化成了观察思考，失去了自己动手操作中体会“等积变形”的机会，虽然在老师的引导下也能找到变化后的图形与变化前的图形的关系，但这样的学习印象不够深刻，缺乏“形象”的支撑，抽象思维能力比较差的孩子也就容易遗忘。

最后，要厘清知识本源，促进深度学习。对于一些重要的知识，当我们不清楚如何把握本质内容和如何组织学生学习时，就要寻根溯源，找到知识的本源，从源头来思考问题，就会找到自主建构的点，促进学生深度学习。

例如，教学“用数对确定位置”内容时，一般教学的重心放在了如何引出数对、用两个数来表示数对最简洁等问题上，这样的教学已经远离“数对”知识的本质，无异于就是领着孩子在“围墙外”转圈。数对确定位置，关键在于让学生理解要实现用数对确定位置究竟需定下哪些要素，这也正是笛卡尔创造数对时思考的问题：“如何实现点与数的对应”。让学生在探究中体会制定规则、在规则中分解出坐标系的要素（原点、方向、单位），让学生去感悟，在最重要、最本质的问题上做文章，才能促进学生思维的深度发展。

（注：此文发表于《中国教师报》2020 年 10 月 28 日《现代课堂周刊》）

第四节　既不“盲从”也不随意“取代”，创造性使用教材

郑毓信教授在《数学思维与小学数学》一书中呼吁我们要做“高度自觉的数学老师”，不仅要让学生“通过数学学习学会思维”作为我们的教学使命，还要超出个人的发展从社会进步这一角度更为深刻地去理解数学学习的意义，从而更自觉地承担起数学教师所应承担的社会责任。站在这样的高度，我们要重新定位对数学教学的理解，其中一项重要的工作，就是重新审视我们每天都在使用的教材。“盲从”显然不行，杜威早在他的《儿童与课程》一书中就明确指出，教材设计与编撰“必以一个纯粹抽象的、理想的原则为中心而重新组织”，以彰显知识的科学逻辑与认识逻辑的关系，但这些理性而冰冷的经验却与儿童所处的世界相去甚远，儿童在上学前和学校外，都发展了一定的应用数和量的能力以及一定的推理能力，来到学校后面临同样的事物和需要，却被要求使用一种全新的方法，这会在儿童心中造成一种心理障碍，直接阻碍他们的数学学习。教师之所以为教师，其价值就在于如何利用好教材，使其中承载的人类智慧融入儿童经验，彰显教材对儿童生命的成长价值，从这个角度，我们可以将教师视作教材意义的诠释者和创造者。但是，这并不意味着我们就可以随心所欲地发挥，教材作为民族文化、时代进步和科学发展的集中反映，是解决培养什么人、怎样培养人这一根本问题的重要载体。教材是经过特殊筛选，加以定式化、组织化的社会共同经验，其编写的逻辑起点是依据知识在儿童生命成长过程中的价值判断，回答的是如何通过教材引导儿童做人的德行与智性，从而更好地成“人”，教师可以对教材进行再创造，但这种创造要以专业化的视角，理解教材的知识准入依据、价值取向、内在构成、符号表征等，将静态的文本活化为动态的经验积淀，启迪生命灵

性、生成生命智慧。

把握教材：从读懂到读透

教材是学生获取知识，进行学习的主要材料，也是教师开展教学活动的主要依据。在大量听课中发现，教师在使用教材时存在两种现象，一种现象是循规蹈矩，按照教材的编写结构，完全遵循教材，按教材顺序一步步开展学习；另一种现象是实际教学过程几乎很少用到课本，教材内容被教师自己所选内容代替，教材中的习题被作业纸或者 PPT 代替，教材似乎成了可有可无的附属品，这样的现象在一些公开课、观摩课中比较常见，若没有独特之处就不能够显示其创新能力。

细细分析这两种现象，其原因是：第一类教师亦步亦趋，简单理解教材，唯教材至上，视教材为权威，把教材当作唯一，认为让学生掌握课本中的知识，考试取得好成绩就是完成了教学任务，达成了教学目的。这样的教师缺乏创新精神，形而上学地理解新课程理念和精神。第二类教师接受理念很快，表面上是更新教育观念，言必及新课程理念，行必及创造，看似创新，其实是对教材没有真正把握，仅限于“读通”，却没有“读透”，所选内容多数还不如教材原本的内容。

现行教材，是依据新课程标准精神，贯彻新课程理念编写而成。它凝聚了大量卓越教师和专家学者的心血，它是一个经过锤炼、经过考验的经典性范本。它可以多元解读，经得起推敲，经得起挖掘和拓展。它是知识之源，是“造血干细胞”。教师教学时应该充分尊重教材，理解教材，读透教材。

首先，读透教材，挖掘知识深度。

读透教材，很多老师认为只要看看教材，看看教案，就是对教材把握了，理解了，其实不然。在实际教学中，部分教师，特别是年轻教师把读懂、读透教材挂在嘴边，其实并没有真正吃透教材。那么，怎样做才能把教材读“通透”呢？

一是要把握好教材的知识体系和编写意图。新教材编写上创设了大量日常生活场景或者情境作为知识的载体，这些内容经常以简洁的文字配合鲜艳的画面出现，以一些固定人物穿插其中，尽可能与学生的生活实际相联系。同时，教材在编排上较之前有了显著的变化，着力于安排教学活动的内容、线索与呈现方式，突出情境中的数学核心问题，指向提出问题、解决问题，注重学生的操作和实践活动，给学生独立探索和相互交流留出必要的空间。因此，例题一般不直接呈现知识结论和现成的解题方法，甚至没有给出标准的答案，目的是鼓励教师在教学中充分尊重学生的思维习惯，给予一定的思维自由度。面对这样的教材，我们首要的任务是深刻领会编者意图，理解表面材料背后所隐藏的丰富内涵。在处理教材时应准确把握教材要求，确定合适的教学目的，充分发扬教学民主，使学生的思维得到有效的发展。

二是充分利用好教材的情境图和线段图。培养学生问题意识及解决问题的能力是课堂学习的重要目标。新教材为我们提供了丰富的资源，特别是大量的情境图、线段图及其他示意图，注重数形结合。不仅能有效激发学生的学习兴趣，更能帮助学生理解题意，探究知识，感悟数学思想。对情境图的利用，部分教师只是停留在表象上，作为学习过程中的附属品，没有真正把图用好，对图形的挖掘浅尝辄止。例如，二年级“两位数乘一位数”内容，教材中有一幅情境图，呈现了每只小猴采 14 个桃分装在两个篮子里，每个篮子里分别装有 10 个和 4 个，意图是通过形象直观的图来启发学生想到“计算 14×2，就是分别求 2 个 4 与 2 个 10 的和，再合起来”。我们在教学时要引导学生在尝试独立计算的基础上，借助情境图来帮助学生理解两位数乘一位数的算理，把握计算的本质。

三是要充分利用好教材中的练习题。有一些老师，常常对于教材中的习题关注不够，甚至不去使用，认为教材中的练习题没有自己找得好。其实不然，这种现象正折射出这部分教师对教材的把握不到位，没有真正认识到教材中习题设计的深层意图。教材中的每一道习题，都是经过编者深入思考，精心挑选编写而成的，可以说每一道题都有其意图和作用。比如说，有的练习是基本题，意在是巩固新学内容；有的练习意在变式，考查学生的自主迁移能力；有的练习是拓展题，意在开阔学生视野，拓宽解题思路；有的习题是实践题，意在让学生有机会动手操作或者画图，体验获取知识的过程等。在实际教学中，要经常问学生，这道题的目的是什么？考查哪些知识点？解题时要注意什么？要多从编写者的角度来思考这道习题的作用意义，长期坚持，学生思维的深度和广度就会大幅提升。因此，一定要用好教材中的习题，充分挖掘习题的内在价值，达到提高学生应用能力的目的。

四是补充教材，拓宽教材广度。若教师发现现行的教材某些内容比较单薄，或发现相关的有意义的材料，可以将相关的内容引入课堂，使现有的课本教材与课外的材料相互补充，从而能围绕某个主体给学生提供充足的材料和丰富的资源。这样有助于拓展教材的应用空间和领域，充实教材广度。

例如，新教材在“24 时计时法”单元学习后安排了一个实践活动“周末一天的安排”。这是一个动手操作型的活动，与学生实际生活的联系较为紧密，有利于培养学生的实践能力。可教材仅仅是让学生参照一张安排表回答几个简单的问题，并自己制作一张类似的时间安排表，然后进行交流。我认为教材编排的实践活动内容偏少，要达到的目标也比较单一。于是，我们有意识地对该次活动进行适当的扩展，增加了学生实践活动的机会与内容，更好地锻炼了学生的综合应用能力。

在实际活动中，可要求学生回家与家长一起制订周末各项活动安排的计划，除了制作一张自己详细的时间安排表，还要询问家长周末一天的时间安排情况，也制作一张类似的时间表。然后在课堂上，首先安排学生分组交流各自的时间安排表，算一算每人除了吃饭、睡觉的时间，看看有多少用于学习，有多少用于娱乐，并谈谈各自有什么想法。通过这一实践活动，学生不仅巩固了24时计时法的有关内容，而且学习了一些统计的方法，更能感受到学习的重要性和珍惜时间的必要性。同时，活动还让他们了解了社会，从小树立社会意识，增强社会责任感。因此，这一活动较好地达到了实践活动的初衷。

五是，创造教材，培植教材信度。创造性地使用教材是指教师在充分了解和把握教材的基础上，以教材为载体，灵活有效地组织教学，拓展教学空间。创造性地使用教材是教学内容与教学方式综合优化的过程，是课程标准、教材内容与学生实际相联系的结晶，是教师智慧和学生创造力的有效融合。在实际教学中，创造教材要注意以下几点：要紧密联系学生的实际生活和现有的知识基础；要让学生经历数学学习过程；要突出学生的主体地位。

例如，在教学“百分数的意义”时，我把教材中的材料换成了学生非常熟悉的篮球明星“姚明、王治郅、易建联”三人，通过一组数据让学生自己寻找解决问题的方法，从而创造出用“百分数”来解决实际问题。教学“角的认识”时，我给学生们播放足球比赛的视频片段，让学生从感兴趣的话题中引出角的知识。

总之，以学生的发展为本，不仅是新教材编写的重要原则，同时更是我们充分利用教材、创造性地使用教材的出发点和归宿。要想做到科学地使用教材，应该切实理解课程标准的基本理念、在全面把握教材的编写意图的基础上，掌握创造性使用教材的基本策略，只有这样，教材的使用才能从盲目走向科学。

（注：此文发表于《中国教师报》2020年11月4日《现代课堂周刊》）

第五节　切实做好数学意义的“再认识”，实现认识的深化

李政涛先生在一次讲座中说，他花了5年的时间把康德所有的论著与论文都看了一遍，这奠定了他的哲学基础。我在写这本书的时候，也重新把郑毓信教授所有的论文和论著看了几遍，很多观点对我影响至深。比如，郑毓信教授谈数学学习中的“再认识”，前期他对这一词语的使用总是与“总结”“反思”这两个词语直接相联系的，但他所指向的“反思”却与日常我们所说的“反思”不尽相同，对于数学学习而言，这样的“反思”有着“再抽象”的特殊含义，即我们如何能以已建立的概念或结论等作为直接对象实行新的抽象，从而实现认识的必要深化，也就是说，相对于一般所谓的“总结”而言，显然我们希望学生通过数学学习逐步养成高度的自觉性，即能够对自己正在从事的活动始终保持高度的自觉性，并能通过及时的自我审视、调整或修正更有效地完成任务。[①] 我读郑教授这段话的时候，脑海中不由得浮想起我们做课堂小结时，千篇一律的“你收获了什么”是不是能真正促进学生认识的发展与深化，达到数学意义上的“再认识”？显然是不够的，为了更清楚地说明这一点，我在此分享我的分析与思考，供大家参考。

“千金难买回头看”，及时回顾、反思、总结，有助于提高人的思维深度，提升人的认知水平，建构人的认知结构。所以，课堂小结是课堂教学的重要环节，它不仅有助于学生形成良好的认知结构，掌握学科思想方法，还能促进学生良好思维习惯、认知方式的形成和批判性思维的发展。因此，小学各科教学都非常重视课堂小结环节，并对此进行诸多的研究，提出了各种建议。

然而，课堂小结的教学现状如何，学生的学习行为怎样，学习效果如何，

① 郑毓信：《数学学习中的“再认识”》，《小学数学教师》2023年第1期。

这些问题值得深入研究。本文针对小学数学课堂小结的教学现状，特别是其中的师生行为展开研究。

一、研究内容

本文以 2015 年 11 月份在南京举行的全国苏教版小学数学教材第五届优秀课评比暨课堂教学观摩会活动中所呈现的 38 节课为研究对象，对这 38 节课的教学视频资料进行深入研究，从课堂小结时间、引导用语、问题设计、活动方式、呈现形式等维度进行分析和思考。

二、分析与思考

（一）课堂小结所用的时间

38 节课课堂小结合计用时 5928 秒，平均每节课用时 156 秒，最少的 23 秒，最多的 412 秒。60 秒以内的有 8 节课，占 21.1%；60 ～ 120 秒的有 14 节，占 36.8%；120 ～ 180 秒的有 7 节课，占 18.4%；180 ～ 240 秒的有 5 节课，占 13.1%；240 ～ 300 秒的有 3 节课，占 8.0%；超过 300 秒的 1 节课，占 2.6%。以上数据表明，课堂小结用时较少，有高达 57.9% 的课堂小结用时在 2 分钟以内，76.3% 的课堂小结在 3 分钟以内。因此，多数教师在课堂小结中居于主导地位，以教师讲授、控制为主，课堂小结时间过于仓促，时间偏短，学生只能被动听讲，机械回答。

（二）课堂小结的引导用语

38 节课课堂小结的引导用语大体可以分为：从回顾知识角度引导、从谈个人收获角度引导、从研究过程角度引导、没有明确的引导指向四种形式。

表 2　课堂小结的引导用语统计

分类	数量（共 38 节）	比例（%）	案例
从回顾知识角度	15	39.5	今天这节课，我们学到了什么知识？
从谈个人收获角度	18	47.4	本节课你有什么收获？
从研究过程角度	3	7.9	回顾一下研究过程，我们是怎么探索间隔排列的规律的？
没有明确的引导指向	2	5.2	（略）

由表 2 可知，课堂小结中，39.5% 的引导用语从回顾知识角度入手，典型的引导语是“你学到了哪些知识？”47.4% 的引导用语采取让学生谈课堂收获的方式，典型的引导语是“你有什么收获？”只有极少的课堂（7.9%）让学生回顾研究历程，个别课堂小结引导语没有明确指向，学生不知所措，有“蛇尾”之嫌。

分析教学录像发现，对不同的课堂小结引导语，学生的活动层次与效果是截然不同的。（1）从回顾知识角度引导时，学生会主动回顾与梳理所学知识，加上教师的板书或投影，可以形成良好的认知结构。（2）从谈个人收获角度引导时，除知识外，学生还会谈数学思想、数学方法，有的学生还会谈论自己的感受、体悟，以及对数学价值的认识、数学美的欣赏等。当然，由于这个问题比较宽泛，有些课堂会出现“散”的现象。（3）从研究过程角度引导时，学生会对整个学习过程进行梳理，既有知识，又有研究的过程和方法。（4）问学生“还有什么疑惑”“你还想继续研究哪些问题”，学生会提出自己的困惑与新的问题。

（三）课堂小结的问题设计

依据问题指向，38 节课课堂小结中提出的问题大体可分为：机械回答的问题、简单认记的问题、侧重学习内容的问题、关注提出问题与解决问题的问题、关注研究过程的问题。

38 节课的课堂小结共提出 171 个问题，每节课平均 4.5 个问题，多数课堂集中在 2 ～ 7 个问题（共 25 节课，占 65.8%），每个问题平均用时 29.5 秒。课堂小结中，需要学生机械回答、简单认记的问题占 55.3%，需要学生进行知识回顾的问题占 15.8%，需要学生解决问题的问题占 22.7%，而让学生关注研究过程的仅占 7.9%；类似于"你体验了什么？你感悟了什么？"这样的问题很少；关于情感、态度、价值观方面的问题几乎没有。

分析教学录像发现，课堂上提出的问题不同，学生课堂小结的内容、方法、呈现方式也不同。当提出的问题能引发学生思考时，学生就能自觉反思所学内容与研究过程，使新学习的内容与已有认知结构建立良好的、有意义的联系；当提出的问题比较关注知识技能时，学生就会重视对知识的总结与表达；当提出的问题要学生形式化地回答学会了什么思想方法时，学生就会流于形式、贴标签地说"数形结合""分类""猜想验证"等；当提出的问题比较空洞时，学生就会有说空话、套话、喊口号的现象。

案例 1：用数对确定位置

师：今天这节课我们学到什么知识？

生 1：学习了用两个数，也就是数对来确定平面上的一个位置。

师：怎样才能用数对确定位置呢？

生 2：我们要统一规则，规定好"起点、方向、距离"等具体内容，才能准确地用数对确定位置！

生 3：通过学习，我们知道了数对是先写列，再写行的，列都是从左往右，行都是从下往上的。

师：同学们，确定位置，一定要两个数吗？两个数一定够吗？（结合课件演示从线到面，再到三维立体空间，引发学生更为深入的思考，为后续学习做准备，也让学生带着问题下课。）

思考：这节课的小结让学生回顾探究过程，总结学习所得，学生在课堂小结的过程中，不仅对知识作了系统小结，回顾，记忆，还应注意让学生突破已有认知，引发学生更深入的思考，让学生带着思考下课，对学生后续的学习有着十分重要的意义。

案例 2：认识几分之一

师：我觉得和同学们一起非常的开心，同学们，你们觉得开心吗？（生齐答：开心！）为什么觉得开心？

生：因为我们学到了不管一个物体，还是一些物体，都可以平均分。

师：同意吗？不管是一个物体，还是一些物体，都可以看成一个整体，将这个物体平均分成几份，其中的一份就是它的几分之一。

思考：对于问题“你们觉得开心吗？为什么？”这样的话作为课堂小结的起始问题，不是很合适。录像中的孩子感觉也是很被动地回答了这个问题，学生回答为什么时，也未能完整地说出这节课的重点，最后是由老师代为小结了一下。这样的课堂小结过于匆忙（1 分 56 秒），流于形式，同时还有语言错误（将这个物体平均分成几份，应该说是将这个整体平均分成几份），这样的小结不利于学生的回顾与反思，长此以往，学生不能对自己的学习过程进行必要的反思，不能养成回顾与反思的思维习惯，不利于学生的数学学习。

（四）课堂小结的活动方式

依据课堂教学过程中教师、学生参与的程度，38 节课课堂小结活动方式可分为教师主宰、教师主导、师生互动、学生主导、学生主宰等倾向。

表 3　课堂小结的活动方式统计

类型	特征	数量（共38节）	比例（%）
教师主宰倾向	教师直接陈述、讲解	9	23.7
教师主导倾向	问题很小，教师与学生一问一答，典型的“乒乓式”问答，学生机械填充式齐答	11	28.9
师生互动	教师提出问题，学生思考、整理、回答，教师追问、补充	16	42.1
学生主导倾向	教师提出问题，学生自主整理、小组交流、汇报展示	2	5.3
学生主宰倾向	学生自己提出问题，或者选择主题，独立进行小结、讨论、展示	0	0

由表 3 可知，教师主宰、教师主导为主的课堂小结超过 50%，教师提出问题，学生思考并回答，教师再补充、回应的“师生互动”的课堂小结占 42.1%，而教师设计问题、学生合作或自主活动进行课堂小结并展示的课堂仅占 5.3%。

分析教学录像发现，课堂活动方式不同，学生的参与程度与收获也不相同。教师主宰、主导的课堂，学生处于被动接受状态，他们只能听讲、记录教师所讲的内容，机械地或填充式地回答教师提出的简单问题，并没有真正思考；教师与学生互动的课堂，在教师提出问题后，学生会积极思考并予以回答，师生共同完善；而学生主导、主宰的课堂，学生独立绘制知识结构图、积极地参与讨论、交流、展示。

案例 3：认识千克

师：孩子们，我们来回顾一下，这节课我们认识了什么？我们认识了一个新朋友——“重量单位千克”，通过活动，初步体验和感受了 1 千克有多重。在实际生活中，我们要学会初步估计一些物体的重量，灵活使用千克这个单位。好，下课！

思考：这里的课堂小结，教师以自己的描述来代替了学生的小结，把一切都告诉了学生，学生只有被动接受，没有自己的思考和主动的参与，这样的小结完全流于形式，走过场，属于典型的教师主宰型课堂小结。

案例 4：三角形三边的关系

师：同学们，最后让我们一起来看下，这节课，我们都学到了哪些知识？（指着黑板）咱们一起来回顾下。

生（齐）：学习了三角形三边之间的关系。

师：是什么关系呢？

生（齐）：两边之和大于第三边！

师：我们是通过什么方法得到的？

生（齐）：动手操作。

师：好的，同学们以后要注意使用三角形三条边之间的关系来判断三条边能否组成一个三角形。

思考：这节课的课堂小结是典型的师生“乒乓式”提问，教师把一切问题都设计好，学生机械地回答。学生在教师的引导下，回顾所学的知识及探究的过程，看上去学生的回答整齐划一，热闹非凡，其实学生的思维没有机会真正参与进去，只是下意识地简单回忆，学生成了老师问题的填充机器，长此以往，学生的思维得不到发展，不利于学生的数学学习。

（五）课堂小结的呈现形式

38 节课的课堂小结有多种呈现形式，本文仅从对感官刺激的形式方面进行分析，38 节课课堂小结的呈现形式可以分为两大类：以听觉刺激为主的听觉化形式（包括教师陈述、师生对话、学生表述等）、以视觉刺激为主的视觉化形式（包括黑板和投影仪器呈现的文字、表格、图示等）。其中，每种形式又有多种表达方式，例如，“文字”呈现形式有引语、问题、提要、知识系统等，“图示”呈现形式有结构图、流程图、概念图、示意图、形象图等。

38 节课课堂小结中，在黑板板书或投影上显现出视觉化材料的课有 33 节

（占 86.8%），其中，使用文字形式的课有 33 节（占 86.8%），使用表格方式的课有 1 节（占 2.6%），使用各种“图示”的课有 12 节（占 31.6%）。使用“图示”形式中，出现知识结构图的课有 3 节（占 7.9%），出现“过程图”（包括知识生成过程、研究过程、解决问题的步骤等）的课有 7 节（占 18.4%），有 1 节课让学生对本节课所学习的知识和前面学习的知识进行比较，对照异同点，建构学生认知。此外，还有个别课堂小结中给出原型和具体例子。

案例 5：用方向和距离确定位置

师：以前，我们研究过用数对确定位置的方法。和今天的确定位置相比，你觉得它们之间有什么不同和相同之处？

（1）回顾：回顾“用数对确定位置”的方法。

（2）比较：比较两种“确定位置”的不同之处。

（3）追问：为何需要两个要素？只告诉方向行吗？只告诉距离呢？

（4）比较：两种“确定位置”之间，有什么共同之处吗？

（生答略）

思考：在课堂小结中，教师不仅梳理了今天所学习的内容，而且还引导学生回顾以前学习的相关内容，对这些内容进行了分析和比较，进一步加深学生对所学知识的理解和应用，激发学生的深度思考，帮助学生建构认知。这样的课堂小结目光长远，注重培养学生的思维习惯，对学生的数学学习与思维发展都是非常有益的。

三、结论和建议

（一）结论

小学数学教师要具备一定的小结反思提升意识，重视课堂小结：每节课都要进行小结，要特别关注数学知识与基本技能的小结，对数学思想、方法也力图给予小结；小学数学课堂小结多是教师通过问题引导学生参与活动，部分教师关注到小结中的学生自主活动，让学生自主回顾、整理、提炼、总结；课堂小结呈现形式丰富多彩，多数课堂采取提要式和系统式小结，利于掌握数学知识与方法，部分课堂小结中采取了“图示”等视觉化呈现形式。

小学数学课堂教学中，在课堂小结方面也存在许多需要改进的问题：课堂小结出现模式化、形式化现象，“你学到了什么”“你有什么体会”“你学到了哪些方法”等问题成为课堂小结的主要引导语，课堂小结出现标签、口号等现象；课堂小结的时间偏短，比较仓促，留给课堂小结的时间明显不足；课堂小结的活动方式以教师活动为主，学生仍然处于被动接受局面，课堂小结活动方式简单，机械式、填充式对答太多，讨论、探究、展示太少，表面上热闹非凡，实际上效率低下；课堂小结所提出的问题中，机械性、认记性问题太多，批判性、创造性问题太少，学生发展深度思考的机会较少，不利于学生思维的提升；课堂小结呈现形式中，发散式、概览式、提要式偏多，而系统地进行知识回顾、形成知识系统的较少；课堂小结中，使用表格、图示等视觉化形式偏少。

（二）建议

1．小学数学教学应重视课堂小结的功能研究

许多教师对于课堂小结的功能仍然定位在对知识技能的回顾与整理方面。实际上，除了对知识技能的小结外，课堂小结对于培养学生的元认知能力、批判性思维能力、培养学生的思维方式等都有十分重要的作用，而这些功能却往往被教师忽略，出现走过场、形式化、功能单一（仅仅关注表面知识）等不良现象。

2．小学数学教学应重视课堂小结的引导语和问题设计

设计的问题应指向明确、层次分明、形式多样，避免模式单一、机械认

记、含糊不清、空洞宽泛。

3．小学数学教学应重视课堂小结的活动设计

课堂小结中的活动方式，应突出学生为主的探究、展示活动，设计学生互动的建构活动，突出学生感悟的点拨活动，避免教师主讲、形式对答、简单机械的活动方式。

4．小学数学教学应重视课堂小结的呈现方式研究

课堂小结应关注小结内容的概要程度，繁简适宜，给学生留下系统的知识体系和解决问题的基本方法。课堂小结的呈现形式应与学生表征方式相吻合，采取听觉和视觉相结合的呈现形式。在视觉化呈现形式中，应关注文字、表格、图示的有机融合，充分发挥“图示”的作用，恰当地选择或制作一些图去进行课堂小结，避免形式化、雷同化的现象。要注意回顾比较，不能仅仅局限于本节课内容，要注意前后知识的梳理和连贯，帮助学生系统建构相关认知。

明代诗人谢榛在《四溟诗话》中说：“起句当如爆竹，骤响易彻；结句当如撞钟，清音有余。”好的课堂小结，不仅可以对教学内容起到梳理概括、画龙点睛和提炼升华的作用，而且能使学生保持旺盛的求知欲望和浓厚的学习兴趣，从而达到“课虽终，思未了，趣不尽，情更浓”的境界。

（注：此文发表于《小学数学教师》2017 年第 6 期）

第六节　错误是宝贵的学习资源，促进学生情感和智力发展

师父华应龙常说一句话：“人皆可以为尧舜。”而教育便是要给予孩子们慢慢成长为尧舜的时间和空间。“孩子永远是孩子，课堂是允许孩子们出错的地

方。”[①] 当我们把所有错误都关在门外时，真理也就被关在门外了。这么多年，华应龙老师一直执着于“化错教学”，他总是能独具慧眼地看到错误后面的教学价值。以“角的度量”一课为例，学生不会量角，拿着量角器手足无措，这时不是借机大力推送“二合一看”的量角要诀，而是引导孩子们思考：“我们能在量角器上找到角吗？”这个问题直击量角的本质——把量角器上的角重叠在要量的角上，如果学生在量角器上清晰地找到角了，量角的问题就能迎刃而解。把问题问在知识的生长点上，就是“教有‘根’的数学”，抽象概括的要诀看似简洁，实则只是成人思维，孩子无法真正从本质上建构关于量角的认知，学而不会、不懂、不透，不得要领。所以，师父反复提醒我们，差错可能成为正确的先导，差错往往隐藏着正确的结论，或者成为引发正确结论的“基石”。学生的差错大多是“差那么一点”“拐个弯就对了”，就看我们教师是否愿意去引导，让学生在错中成长，错出一片精彩。

记得刚开始工作时，有老师代表学校参加优质课比赛或者上公开课，在上课之前会一遍又一遍地演练，在演练的过程中，对学生出现的错误和意外特别关注，并且在出现了这些错误和意外后，参与备课的老师都会想尽办法让上课的老师下一次试教时避免学生再次出现这样的错误或意外。更有甚者，会有老师利用上课前和孩子交流，观照孩子课堂一旦遇到这种或那种情况要如何回答，绝不允许在上课中出现老师意想不到的错误或意外答案。于是，一些优质课、公开课变成了表演，顺利得如行云流水一般，老师们追求的是下课铃声和老师最后一句的无缝对接。这样的优质课、公开课更多的是一种表演，学生没有真正地学习，只是机械地成为老师完美教案的“戏子”“棋子”，学生无主动、无个性，这样的课堂更培养不出具有创新精神和创新能力的个性化学生。

① 华应龙：《我就是数学：华应龙教学随笔：十周年纪念版》，长江文艺出版社，2020。

在真实课堂中，学生的“错误”是一种宝贵的学习资源，要及时捕捉错误和意外，充分利用数学学习中“错误和意外”这一“财富”，作为一种促进学生情感和智力发展的教育资源。巧妙地利用错误因势利导，化弊为利，促进知识的建构，提高课堂效率。让学生在纠错、改错中领悟方法，发展思维，实现创新，促进学生的全面发展，让课堂绽放精彩！

一、教学片段

片段1：

分数应用题的复习课中，我出示了如下条件，让学生提问解答：

四（1）班男生25人，女生20人，__________？（提一个“求一个数是另一个数的几分之几”的问题）

学生提了很多问题，如“男生人数是女生人数的几分之几”“女生人数是男生人数的几分之几”“男生人数比女生人数多几分之几”“女生人数比男生人数少几分之几”“男生人数是全班人数的几分之几”“男生比女生多全班人数的几分之几”等。我觉得问题种类基本全了，准备进入下一个教学环节，这时一名学生提出了一个问题，“男生比全班人数少男生人数的几分之几？”这个问题听起来很别扭，我从来没有碰到过，一下子没有反应过来，我让学生再说一遍，终于听明白了，学生把简单的问题说复杂了，却很新颖。我让学生先试做，很多学生听到这个问题时，思考了一会儿才动笔。这时有的学生轻轻议论“男生比全班少的人数不就是女生人数吗？”我顺着学生问：“那么这个问题实际就是什么占男生人数的百分之几呢？”学生：“女生人数是男生人数的几分之几？”

“男生人数比全班人数少男生人数的几分之几？”这个问题让人感到意外，幸而我没有立即否定，引导学生走进这个看似复杂的问题，虽然浪费了时间，但是我认为很值得，学生在对这个问题的讨论中，进一步加深了对“求一个数是另一个数的几分之几”的理解，掌握了这类问题的本质。

片段 2：

作业中有这样一道题，“小明从家到学校，去时每分钟走 60 米，回来时，每分钟走 40 米。求小明往返的平均速度。受思维定式的影响，大部分同学作出了（60+40）÷2=50 的错误解答。讲评时，我把其作为促使学生反思的好材料，组织学生辨别正误，思考、辨析错在何处，为什么错，如何改错。引导学生开展讨论。有学生说：“这是求平均数的应用题，应该根据总路程 ÷ 总时间 = 平均速度。而总路程可以看作 1，去的时间则是：路程 ÷ 速度就是$\frac{1}{60}$，而返回的时间是$\frac{1}{40}$，所以应该这样列式：$1\div(\frac{1}{60}+\frac{1}{40})$，不应该把两个速度加起来再除以 2。”经这位同学一提醒，大部分同学都明白了，纷纷举手，有的学生则没等老师点名就迫不及待地说了自己的观点。“老师，他说得没错，求平均速度是应该总路程 ÷ 总时间，但这里的总路程应该是往返的总路程，应该是 2，所以应该是 $2\div(\frac{1}{60}+\frac{1}{40})$ =48（千米）”。“对对对，应该是这样！”……一道错题，引发了同学们的一场大讨论。同学们在主动参与找错、议错、辩错、改错的反思中，既加深了对知识的理解和掌握，又提高了自己的分析能力。

在课堂上我们常常会看到这样的现象：老师提出一个问题，教室一片寂静，但当某个同学发表了一个有“差错”的见解之后，一只只小手举了起来。是同学的“差错”撞击了其他同学的思维火花，使更多的同学更快地走向了“正确”。学生学习过程本就是不断发生错误和纠正错误的过程，在这个过程中，必然会产生许多问题，这就需要教师发挥主体能动性，巧妙地引领，让学生进行自我反思、辨析，并加以梳理、疏通，让学生能豁然开朗，享受到柳暗花明的感觉。

二、思考

1．错误，是知识掌握的有利时机

学生在学习过程中，思维是活跃的，经常会提出一些老师感到意外的问题或解法，甚至错误的解法。这些教学资源都是在教学过程中随机产生的，如片段 1 中学生提出问题出现的意外和片段 2 中学生出现的错误。这些生成性资源，可以帮助教师填补盲点，弥补教学预设的不足，有利于学生的进一步学习，教师在教学中应期待这些意外的生成性，正是这些错误或意外，让师生对一些知识的理解和掌握更加深入。当教学中出现错误时，教师要能慧眼识真金，善于捕捉错误中的“闪光点”，给予肯定和欣赏，甚至可以顺着学生的思路将错就错，促进课堂的精彩生成。我们在教学过程中要培养学生创造性思维，鼓励学生别出心裁，敢于创新，就必须采用别样的教学手段。利用学生学习中出现的错误，鼓励学生从多角度、全方位审视自己在学习活动中出现的错误，突破原有条件、问题锁定的束缚，进行将错就错修正条件或问题的训练，是促使学生掌握知识内涵的有利时机。

2．错误，是思维深入的有效载体

学生的想法或解法可能出乎教师的意料，但却是学生的真实想法，是学生思维的结晶。之所以意外，是因为学生打破了常规思维，提出的问题或解法具有很大的创新性，也具有一定的干扰性，需要冷静分析，深入思考才能很好地领会，这正是引导学生深入思考的好机会。面对意外和错误，教师应抓住数学本质，引导学生进行深入思考，提升学生的认识。根据学生新的探究需求，抓住此“错点”，提供新的问题信息，刺激学生再以此为起点，进行思维发散，获得更深度的体验。真实的数学教学过程，是师生之间交往互动与共同发展的过程。教师课前虽精心预设，但课堂上还会发生“意外”，不可避免出现“错误”，教师需要用智慧才能捕捉到学生有价值的错误，并为教学所用，成为促使学生思维深入的有效载体。什么是有价值的错误呢？有利于课堂教学、有利于学生思维发展的错误，就是有价值的。教师要善于“接住孩子抛来的球”，再“把球踢给学生”，在此过程中，教师也参与其中，与学生一起“做思维体操”，促进思维的发展！

3．错误，是思维创新的关键节点

“正确有可能是模仿，错误也可能是创新”（华应龙老师语）。课堂教学中出现的意外和错误，不仅是课堂上鲜活的、生成性的资源，更是学生思维创新的关键节点。对于教学中出现的意外和错误，也许有些“意外”，甚至是错误的，但是是有价值的，尽管还有的是有待完善的，但作为教师应耐心倾听、细心琢磨，引导学生进行讨论交流，在学生的讨论交流中提升认识。在错误的基础上能因势利导，更进一步，进行更深层次的挖掘，充分激发学生的创新思维，使学生能在已有的认知基础上得到升华，有所创造。教师在教学中应创设民主、平等、宽松的教学环境，期待学生意外的错误，让不同的声音响起来，让错误成为教学中一道亮丽的风景线。

学生的“错误”是宝贵的，更是一种学习资源，课堂正是因为有了“错误”才变得真实、鲜活。我们要将错误作为一种促进学生情感和智力发展的教育资源，巧妙地“化错”，加以利用，让学生在纠错、改错中领悟方法，发展思维、实现创新、感悟道理、感受到自己在课堂上的改变和成长，体验到人格的尊严，真理的力量，促进学生的全面发展。

让课堂，因“错误”而精彩。

（注：此文发表于《小学教学》2017 年第 1 期）

第六章
我的实践及典型案例

第一节 数形结合：让内隐的思维外显

教有“根”的数学，让学习触及本质，说起来容易，但到了操作层面，却还是会遇到种种问题。教学是一项复杂的系统工程，从学科层面分析，要了解学科的本质到底是什么，抓住核心的底层逻辑教学，才能让学生具备举一反三的能力，才能在真实的情境中解决问题。从教学层面分析，我们也要掌握一定的教学技术：如何营造情境，让学习真实有效；如何提供更好的教学内容促进学生对比反思，让思维走向深刻；如何进行学法指导，让学生会学习、会思考……我在尝试大量实践的基础上，对所从事的教学工作形成更宏观或抽象的理解，在深层次上掌握教育的普遍规律，从而将以前零敲碎打学到的本领进行整体建构，形成新的认知结构，帮助我更好地寻找新答案。“画数学”是我其中的一个尝试，我用它丰富学生的学习方式、促进学生的理解表达，让学生学会数学思维的可视化表达，把内隐的思维过程外显、直观地呈现出来，不断提升学生的数学思考能力。

数形结合既是一种解决问题的方法，又是一种重要的数学思想。小学阶段，数形结合的思想具有得天独厚的优势。其一，从现行小学数学教材的编写来看，有关数形的内容没有被人为割裂，而是交替呈现，螺旋上升，为渗透数形结合的思想提供了可能；其二，小学是学生系统地学习数学的初级阶段，他们头脑中关于数与形没有明显的分隔符，是建构数形结合思想的极佳时期，为今后的数学学习以及良好思维方式的形成奠定基础；其三，在学生由形象思维逐渐向抽象思维的过渡中，数形结合正是顺利完成这个过渡的最好媒介，借助形的形象来理解数的抽象，利用数的抽象来提升形的内在逻辑。

联想到自己平时教学中结合教学内容，有意识地让学生进行“画数学”的尝试和研究，应该是体现数形结合思想，培养学生数形结合意识的一种有效方式。通过让学生尝试画题意、画意义、画算式等，取得了意想不到的效果。

一、画题意——在变化中合理表征

苏霍姆林斯基说：“如果哪个孩子学会画应用题，可以有根据地说，他一定能学会解应用题。”学生在解决实际数学问题时常会出现错误，很多教师认为是由于学生没有理清数量关系。那么，学生为什么对数量关系理解不清晰呢？根源在于读题时没有理解题意。如果能经常培养学生习惯把一些实际问题用图的形式呈现出来，把抽象的文字描述转变为直观的图形表征，在边理解题意边观察图形的过程中，学生对数量关系的理解就会变得清晰。

片段回放 1：

如教学苏教版四年级数学下册“解决问题的策略”时，用画圆的方法来表示数量教学环节。

刚开始数量较少，学生很快就能画出黑兔、白兔的数量。

师：如果要表示的黑兔、白兔数量变大了，黑兔有 400 只，白兔有 700 只，你打算怎样表示？

有学生准备画；有学生画了一些圆后皱起了眉头；有学生没动手，在思考……

（两分钟后）

师：有同学像这样一个一个地摆圆片或画圆片，一直摆或画到 400 只、700 只吗？（学生都摇头表示没有）

生1：我是这样表示的，前一个圆圈，后一个圆圈，中间画省略号，再在括号下面写上400只、700只。

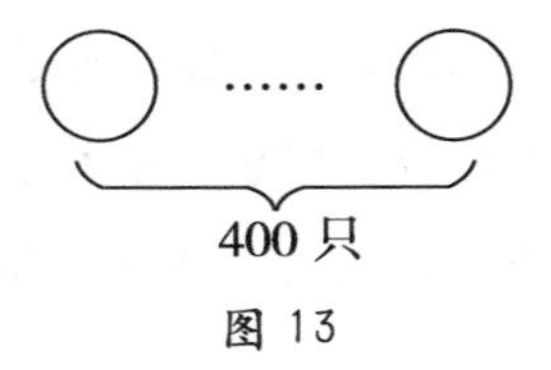

图13

生2：可以画“一条线段”表示黑兔的只数，画“另一条线段”表示白兔的只数，再比一比。（学生自发鼓掌，表示赞赏和认同）

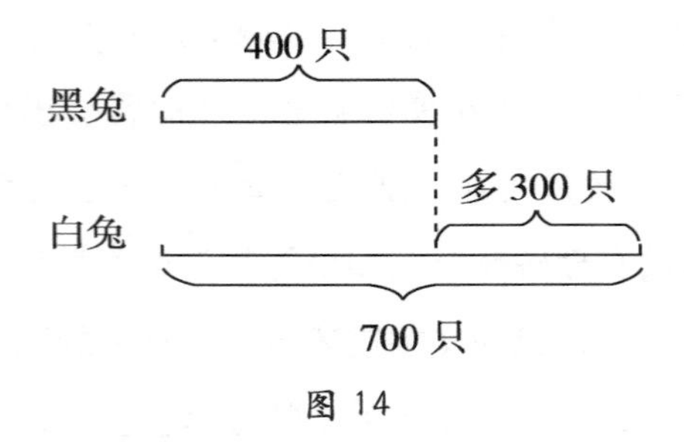

图14

当学生为圆片示意图的简洁表示感到得意时，教师的问题“如果要表示的黑兔、白兔数量变大了，黑兔有400只，白兔有700只，你打算怎样表示”冲击了现存的符号化思想，引发矛盾，从而产生画线段图的需要。

在这一教学片段中，从最初的实物图到图形图（圆或三角形），又从图形图到线段图，借助线段图，变“看不见”为“看得见”，学生能清晰直观地看到数据变化的过程，将复杂的数量关系化繁为简，尝试更简洁地表征题意的方式，不但能很好地帮助学生理清数量之间的关系，还进一步明确和拓宽了解题思路。

二、画意义——在直观中理解概念的本质

分数的意义看似简单，但是在解决分数问题时，学生往往会茫然无措。

比如在教学苏教版五年级下册“分数的意义和性质”时，经常有学生搞不清类似“一根3米长的绳子，平均截成5段，每段是几分之几？每段是多长？每段占全长的多少？”很多时候，这样的问题出现若干次还会有学生搞不清这三个问题的具体结果，即使到了六年级也依然有学生搞不清楚。学生真实想法的背后暴露出对分数意义的一知半解。

即使学生能把分数的意义（把一个整体平均分成若干份，表示其中的一份或几份的数叫分数）流利地说出来，我们也无法确定他是否真正理解了分数的本质，这是一件可怕的事！因此，我们需要的不是定义的分数，而是行为的分数，即通过大量的“操作”活动，如分一分、画一画等活动，来深入理解分数的意义。

片段回放2：

师：今天老师给大家带来了一份礼物——饼。（在黑板上画了一个大大的饼）

师：请你也画一个饼，表示出它的$\frac{1}{2}$。（学生画饼并平均分成2份）

师：我把这块饼的$\frac{1}{2}$给这位同学，把另一块饼的$\frac{1}{2}$给另一位同学，公平吧？

生：公平！

师：（随手在黑板上画了一个小圆）把这块饼的$\frac{1}{2}$分给这位同学，还公平吗？

生：不公平，不公平！

师：为什么？

生：大饼的$\frac{1}{2}$大于小饼的$\frac{1}{2}$。

接着，通过画“一盒里两个饼的$\frac{1}{2}$是多少”“一盒里饼的$\frac{1}{2}$是3个、4个，这盒饼有多少个”，学生逐渐感受到“由于一盒饼的个数不同，同样分出它的$\frac{1}{2}$，数量也不同”。

师：我们刚才分饼，有什么相同的地方和不同的地方？

通过比较，用一条线段说明$\frac{1}{2}$的内在涵义：都是分一盒饼，用“1”表示，平均分成2份，表示其中的一份，就是它的$\frac{1}{2}$。

师：这个“1”可以表示1、2、3、4……个饼，也可以表示40个饼，为什么？

生：这里的“1”不是具体的1，并不一定表示1个，也可以表示几个，或若干个！

生：这个“1”神通广大，表示的具体数量不同，它的几分之一表示的数量也不同。

师：一个盒子里有12个饼，请你画出它的$\frac{1}{12}$，再画出它的$\frac{1}{4}$，谁多谁少，为什么？

生：12个饼的$\frac{1}{12}$是1个，它的$\frac{1}{4}$是3个，分的份数越多，每份数量就越少。

师：再画出它的$\frac{2}{4}$，你又有什么发现？

生：$\frac{2}{4}$是两个$\frac{1}{4}$，同样的东西平均分成4份，2份比1份的数量多。

在上述教学片段中，学生饶有兴致地画不同大小的圆、不同个数的圆，通过比较发现了分数的本质：不同大小的一个圆、不同个数的一盒饼（一个整体），同样的分数，表示的数量不相同；同样数量的饼，不同的分数表示的数量也不一样。不经意间，“率”与“量”的理解就水到渠成了。

在这里，我们可以暂且称之为“以形助数”，其实就是指在数学学习的过程中，经常会有抽象的数学概念，而我们往往可以借助图形使之形象化、直观化，把抽象的数学语言转化为直观的图形，以便于学生对其进行分析和理解，从而建立模型，深刻理解数学的概念和意义。

三、画算式——在形象中掌握算理

数学算式是数学问题的高度概括，是抽象化、形式化、符号化的语言，体现了数学的简洁美。但对于小学生来说，要体会这一数学的美是相当困难的，因为符号化的语言给学生的直接感受是枯燥无味的。如果教师只拘泥于算式符号的求解，只求算法而不求算理，重结果轻过程，那么学生对计算就会只知其然而不知其所以然。

计算教学要重视在研究“怎么算”中明白算理，培养数感。把算式变成图形，化抽象为形象，可以让学生在“画算式”中尝到“甜头”，体会数学学习的乐趣。

片段回放3：

师：老师带来了几道算式，相信同学们很快就能算出结果。

出示：$\frac{2}{3}\div 1=$　　　　　$\frac{4}{6}\div 2=$

生：$\frac{2}{3}\div 1$ 等于$\frac{2}{3}$，因为一个数除以1还是等于这个数。

生：$\frac{4}{6}\div 2$ 等于$\frac{2}{3}$，分子4除以2得2，分母6除以2得3，因此等于$\frac{2}{3}$。

生：唉，不对呀！$\frac{4}{6}$化简是$\frac{2}{3}$，$\frac{2}{3}$除以2怎么还等于$\frac{2}{3}$？不对，不对！

（教师一言不发，微笑着看着学生争辩）

生：应该是$\frac{1}{3}$吧！

师：不能“应该是……”，要拿出确切的证据，以理服人。我们可以把这个算式画出来看看。

学生尝试着画出算式，有些用一个圆，有些用一个长方形，画出图形的

$\frac{2}{3}$，再把图形的$\frac{2}{3}$平均分成 2 份，发现每份是图形的$\frac{1}{3}$。

师：把算式画出来，一下就明白了，只要分子 2 除以 2，分母 3 不变。如果是$\frac{2}{3}$除以 3，2 除以 3 不够除，怎么办？

（学生陷入了沉思）

师：还能想办法把它画出来吗？

生：$\frac{2}{3}$可以化成$\frac{6}{9}$，因此可以把$\frac{2}{3}$画成$\frac{6}{9}$，$\frac{6}{9}$除以 3 等于$\frac{2}{9}$。

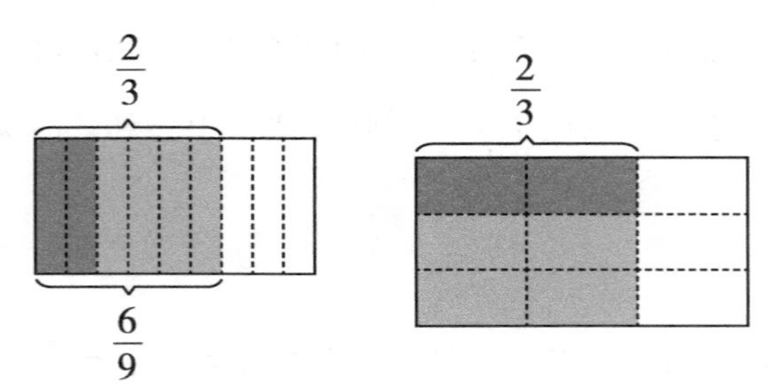

图 15

师：请大家仔细观察，你有什么发现？

生：分母乘 3，分子不变。

生：除以 3，就是乘$\frac{1}{3}$。

师：是吗？刚才$\frac{2}{3}$除以 2，也可以乘$\frac{1}{2}$吗？试试看。

（学生尝试，发现结果不变）

在此基础上引导学生小结：一个数除以整数，等于这个数乘这个整数的倒数。

上述教学片段中，用画算式的方法把枯燥的算式转化成规则的图形，一方面使学生体会数学的奇妙性和趣味性，另一方面让学生感受到数形结合的直观性和便捷性。

“画数学”是教与学的一种重要方法，更是一种数学思想，通过“以形助数”或者“以数解形”，把抽象难懂的数学语言、数量关系与直观形象的几何图形、位置关系等结合起来，使复杂的问题简单化，使抽象的问题具体化，从而为创造性地解决问题开辟一条新路。

“画数学”是课堂教学中体现数形结合的一种有效手段，但并不是唯一途径，在具体教学中，数与形没有谁轻谁重、谁先谁后的规定，数形结合只是一种思想使然。每一位教师根据自己对数学及学生的理解，透过不同的滤镜看到的是千姿百态的数与形，关键是要找到数形结合的起点，然后在教学中潜移默化地引导学生往这个方面发展，为他们今后的学习创设妙不可言的境界。

（注：此文发表于《小学数学教师》2017 年第 9 期）

第二节　对比反思：在比较中走向深刻

《科学学习：斯坦福黄金学习法则》是我最近常看的一本书，作者施瓦茨是学习科学权威专家，斯坦福大学教育学院院长，哥伦比亚大学人类认知与学习博士。他在书中介绍了 26 条斯坦福黄金学习法则，对比组合就是其中一条。前文我们提到了专家思维，在施瓦茨看来，专家不只是比普通人了解更多专业的、抽象的知识，还是能在自己专业领域感知捕获更多信息细节的人。比如我看到狗，就只知道那是一只狗，但是专家看到就能分辨是贵宾犬、比熊犬还是其他品种，专家这种精准的辨识力绝非一蹴而就，而是多年经验修炼而成，如果要想有效缩短学习时间，就要通过精心设计的对比组合来练习。事实上，数学教学也是如此，对比可以帮助人们了解何为重点，提升学生注意细节的精度，加强学生对特征的感受力和敏感度，了解抽象知识的使用范围，全方位提升学生的“战斗力”，是极为有价值的学习方法。

有一段时间，我参加了一次教研活动。有七位老师都选择了三年级下册“认识分数”一课，七节同样的教学内容，真可谓同题异构，精彩纷呈。虽然这七位老师的教学设计不尽相同，教学风格迥异，可有一点是共同的，那就是在这节课的课堂教学中都充分运用了比较的方法，设计了多个比较的环节，使得学生的学习在比较中走向了深刻，在比较中充分理解分数的含义。

教学片段1：

在导入部分，教师先出示了把1个桃子平均分给4个小猴，每个小猴分得这个桃的几分之几。然后再出示把4个桃子平均分给4个小猴，每个小猴分得这些桃的几分之几。在得出结果后，老师出示分1个桃子和分4个桃子的情境图，提问：为什么都可以用$\frac{1}{4}$来表示？这两个$\frac{1}{4}$有什么不同？你还能发现什么？

片段解读：这里的提问，教师让学生比较例题的$\frac{1}{4}$与导入部分的$\frac{1}{4}$有什么区别，目的有两个：首先是引导学生观察两次参与分配的物体总数发生了变化。“一个整体”的内涵已经由原来的“一个物体”发展到现在的“一些物体”，让学生进一步体会和拓展对“一个整体”含义的认识，从而扩展学生的认知水平。其次，这里组织学生比较也是初步让他们感悟分数的意义：不管是1个桃子，还是4个桃子，只要是分给4个小猴，每个小猴分得的桃子占总数的几分之几都可以用$\frac{1}{4}$来表示。

教学片段2：

在教学例题的过程中，完成了把4个桃子分给四个小猴的学习后，出示“试一试”：如果把这些桃子分给2个小猴，每个小猴分得这些桃子的几分之几？学生在解决这个问题的过程中，得出了$\frac{2}{4}$和$\frac{1}{2}$两种结果。这时老师引导学生进行比较，究竟是用哪个分数表示比较合理。在充分比较的基础上得出用

$\frac{1}{2}$表示比较合理后，又让学生比较：同样的4个桃子，为什么刚才用$\frac{1}{4}$表示，而这里用$\frac{1}{2}$来表示呢？独立思考后小组内互相说说，然后全班交流。

片段解读：此环节的两次比较特别重要，是解决这节课教学重难点的关键，在此环节学生如果比较不充分，对于学生理解分数的意义将会产生严重障碍。首先，在教学过程中，出现$\frac{2}{4}$就是一个明显而又正常的错误。如何通过充分比较$\frac{2}{4}$和$\frac{1}{2}$，让学生正确辨别用哪个分数比较合适，对学生真正理解分数的本质意义有着非常重要的价值。在比较的基础上，学生理解了把这些桃平均分成几份，其中的一份就用几分之一来表示。接着出示分给4个小猴和分给2个小猴的情境图，让学生再次比较$\frac{1}{4}$和$\frac{1}{2}$的不同，又是一次发展学生对分数意义深入理解的过程。在比较的基础上让学生知道，同样的4个桃子，分的份数不一样，每份是总数的几分之几所表示的分数也就不一样。

教学片段3：

在完成了“想想做做”的第1题后，有执教老师设计了这样一道习题，分蘑菇：3个蘑菇平均分给三只兔子，每只兔子分得其中的几分之几？6个蘑菇呢？9个蘑菇呢？12个蘑菇呢？……在学生得出都是$\frac{1}{3}$的基础上，让学生分析比较：蘑菇的个数不同，为什么都可以用$\frac{1}{3}$来表示呢？

片段解读：此环节教学中，教师通过比较让学生得出：不管有几个蘑菇，只要是分给三只兔子，每只兔子分得的就是这堆蘑菇的$\frac{1}{3}$。此环节的设计，目的是通过这样的变式练习，在第一环节初步比较的基础上，进一步帮助学生理解分数的意义。在此基础上，还可以让学生说出每个兔子具体分得几个蘑菇，让学生进一步反思，分的份数都是3份，但由于蘑菇总数不一样，所以兔子分到的具体蘑菇数也就不一样，让学生感受“总量”的变化引起每份具体个数的变化，从而让学生体会不变之中变化的辩证关系，让学生的思维走向深刻。

在“认识分数”的教学中，每个老师从教学的导入、到新知识的探究、课后的总结提升，都注重设计让学生比较的环节，少则2次比较，多则6次比较。在不同的比较中，让学生全方位、多角度深入理解分数的意义，通过比较，让学生进一步发展对分数的认识。可以说，在这一内容的课堂教学中，所有老师都借助了比较的手段，让学生在不断的比较中，巩固和加深自己对分数意义的理解，不断丰富、拓展自己的认知，较好地达到了预期的教学目的。

在实际教学中，教师要善于把握好比较的时机，恰当地引导学生对不同解法、不同思路、不同题型等进行有效比较，恰到好处地通过比较让学生的认识走向深入，让学生的思维走向纵深。在充分把握教材的基础上，应尽可能在知识的联结点上“比一比”，在知识的关键点上“练一练”，在知识的生成点上“放一放”，在知识的拓展点上“延一延”，从而使教学不断走向深刻，具有更旺盛的生长力。

（注：此文发表于《教育科研论坛》2021年第6期）

第三节　小组合作：整体大于部分之和

团队的智慧是无穷的，在适当的外部环境下，团队的智力与能力会非常显著，通常比团队里最聪明的人还要更胜一筹。大量的研究表明，相对于独自学习的学生而言，那些参与了合作学习的学生在学习和转述能力上展现了更高的水平，小组合作学习能增强学生的自信心，改进学生之间的关系，提升他们的社交技能和教育能力。[①]事实上，自2011年课改以来，对合作学习的有效性已经有了大量的论述和记录，但我们也清楚地看到，一线教学中在帮助学生进行小组内互动时还有很多困难，比如一两位学生完成了大部分练习，其余学生基本"闲置"，前者觉得自己被同学们利用、占便宜或是被拖累了，后者则觉得自信心不足，跟不上别人，提供不了有价值的成果，最后整个小组都心灰意冷，再次合作的欲望极低。如何才能有效指导学生进行小组合作学习呢？相关论著很多，我尝试结合自己的学习体会和教学实践撰写了一篇小文，浅谈了自己的思考。一篇文章很难将小组合作学习讲透，抛砖引玉，让更多人参与到思考和实践中来，才算是达到真正的目的。

一、案例"统计"教学片段

片段一

师："我们刚刚学习了用画"正"字的方法来统计常见的数据，下面就请同学们用这种方法来统计一分钟内某十字路口通过的客车、小轿车、卡车的数量。好不好？"

生："好！"

师："由于通过的汽车比较快，需要统计的汽车的种类又多，我们小组合作来统计。小组内分工，一个人统计一种汽车，请同学们在小组内分工后记录。"

（学生小组内分工）

师："准备好了吗？"

生："好了。"

师："注意，开始了。"

---

① 南希·弗雷、道格拉斯·费舍、桑迪·艾佛劳芙：《教师如何提高学生小组合作学习效率》，刘琳红译，中国青年出版社，2016。

课件演示，某十字路口一分钟内川流不息的汽车。

学生根据分工开始统计，整个教学过程开展得较为顺利。

片段二

师："下面，请同学们自行选择一种方法，统计某十字路口一分钟内通过的客车、小轿车、卡车的数量。看哪些同学统计得准确！准备好了吗？"

生："准备好了。"

课件演示，某十字路口一分钟内通过的汽车。

由于汽车速度快，种类多，学生根本来不及统计。于是学生提出了抗议，纷纷要求老师再播放一遍，教师很大方地又播放了一遍，可学生还是无法准确地统计出来。

生："老师，由于汽车速度快，种类多，根本来不及统计。"

师（故作思考状）："那怎么办呢？"

学生陷入沉思，有的在小声嘀咕着，片刻，有学生站起来说，"一个人来不及，我们可以几个人合起来统计啊。"

师（故作沉吟状）："恩，行啊，怎样合起来统计呢？"

生："我们可以小组合作，分工一下，一人统计一种汽车。"

同学们恍然大悟，纷纷说："是啊。"

于是学生自主进行分组和分工，通过合作，他们很容易就统计出了准确结果，合作成功的喜悦洋溢在孩子们的小脸上。

二、反思

同样是统计，都是采用小组合作的学习方式，片段一是在老师的直接指令下"被迫"执行的，片段二是遇到困惑，基于学生的迫切需要而自主开展的。上述案例反映了两位教师不同的教学理念。

如何有效地指导学生进行小组合作呢？

1．让合作更加自主

数学教学中的合作交流不能等同于日常随意性的师生或者生生对话，它应具有一定指向性的学习目标，是为解决某个疑难问题而进行的合作与交流。因此，教学中要不断地让学生产生思维的困惑，让他们在思维的压力下，主动地与他人合作与交流。

片段一的教学中，老师是根据自己对所教内容的理解和需要，指令性地让学生进行小组合作学习，是一种基于从教师教的角度出发进行的。学生只是被动地执行教师的指令，变成了被动的“操作工”。片段二恰好相反，在教学中预设了情境冲突，在统计过程中，学生遇到了困难，情急生智自发要求进行小组合作学习。这时候小组合作学习已经变成学生自发的需要，是基于学生自己的需要进行的，这样的合作才是自主的真合作，是“正宗产品”。在一些课堂教学中，小组合作已经成为一种可有可无的摆设。笔者曾经听过一节课，先后进行了9次小组合作，不管有没有合作学习的价值，反正一有问题就小组合作。显然，这样的合作探究已经成为课程改革中衍生出来的“伪劣产品”“装饰品”。

2．要基于学生的角度来设计教学

现在的教学，特别是一些公开课、评比课，一些老师包括一些名师，更多的是关注自己如何“教”得精彩，教学环节的设计、教学活动的开展皆是从老师的角度出发，便于“教”，更有甚者，一味以展示自己的“多才多艺”或者“一流素质”为主，课堂教学中只见老师，不见学生，学生成为老师课堂教学的“观众”，沦落为“群众演员”。一节真正的好课，应该是学生唱“主角”，教师是“帮衬”，学生的出彩才是真正的精彩。

我想，在组织教学时，应多考虑学生的需要，要基于学生的经验和认知出发，要考虑问题的含金量，让学生自觉形成合作意识。只有这样，我们才能摒弃浮华，回归真实，才能真正达到培养学生合作交流的意识和能力的目的。

第四节　学法指导：寻教与学的结合点

人人都知道“知识就是力量”，但我们有没有认真地深度思考一个问题：“这句话里的‘知识’到底指什么”。举个简单的例子，“三角形内角和等于180°”是不是知识？显然是的！但终其一生我们能用到这个知识的场景多吗？显然也是不多的，可以说我们从这个“知识”中获取的“力量”微乎其微。如果教学只关注此类陈述性知识的习得，那么，在这个海量信息即时获取的时代，我们的孩子拿什么去和 ChatGPT 一决高下？这个世界太大了，而我们的智慧有限，生命有限，只有掌握了更有效的学习方法，以陈述性知识为载体，更多地去关注程序性知识、策略性知识，让学生从“学会”走向“会学”，才能在有限的时间里，提高认知水平，这就是为什么在教学中我们更要重视“学法指导”的原因之一，学习方法是可迁移的，而迁移能力就是素养的体现，以更高的思维格局看待教学，才能更好地促进学生全面发展。

学法指导：从“师本”走向“生本”的必由之路

在新课程改革的今天，很少有人重提“教师的主导”作用，避讳“导”这个词，甚至“谈导色变”，认为提“教师的主导作用”会招致一片骂声、斥责声，也会与当前进行的新课程改革的理念格格不入。在一些课堂教学中出现了教师完全放手让学生自主学习的场景，认为这才是新课程，这才是真正的“以人为本”的课堂。殊不知，这样的教学换来的，却是学生学习效率的低下，基本知识和基本技能的缺失，课堂纪律的涣散，学生变得不会学习。试想，如果没有教师适时、适当、适度的“指导”，学生自主学习的能力怎能有效形成？又何谈学生的主体地位呢？

要实施“生本课堂”，让学生真正实现自主学习，学法指导尤为重要。

一、“导读”策略

北京师范大学文喆教授指出：“在学习者自主阅读的基础上授课，让阅读学习成为多数学习者主要的学习方式，是提升课堂教学有效性的关键举措。当学习者有了一定的阅读能力，用自主阅读取代‘听讲’，在他们阅读的基础上开展学习活动，就他们在阅读中提出的问题，去讲解、去答疑、讨论、实验、调查、探究。”

阅读不只是语文学科的专利，在数学教学中，阅读能力也十分重要。在实践中，我探索出了“三步阅读法”，以切实提高学生自主阅读数学文本的能力。

第一步，通读教材。初步了解内容梗概。从课题到结语，要求学生一次性读完规定的学习内容。通过阅读，学生将对所学知识形成初步的了解。例如，学习“三角形的认识”时，要求学生通读后应知道本章教材有四方面内容：①三角形的意义；②三角形的特征；③三角形的种类；④三角形的底和高。

第二步，细读教材，要求学生找出知识的重点、难点和关键词。教师指导学生细读时做到两点：①读要与画、批结合。“不动笔墨不读书”是我国传统的阅读经验。“画”，首先是辅导学生明确一些画的符号，如用“____”画出已知条件，在问题下面画“～～～”在关键词下画“......”，在特别需要注意的地方画“ ”；“批”就是在读、画的基础上批出算理算法，批出计算步骤。经过“读”“画”“批”，不仅能强化学生理解，突出学习的关键，还能在书上留下痕迹，展示学生的思考过程，也有利于课上学习和日后重温旧知。②读思结合。读思结合有两种方式，一是要“读新思旧”。在指导学生预习某一新知识时，可以帮助学生回忆与之相联系的旧知识，当学生在自读时发现旧知识掌握不牢或已经遗忘，就必须查阅教材及时复习或请教同学、老师，以扫除新知障碍。二是“读新类比”。对教材中同类新知识的自学，可帮助学生回忆已掌握的知识和方法，指导用类比的方法仿照阅读、探索规律，即在有同类的基础上“以此类推”。

第三步，整理思路，做自学笔记（见表4）。学生可边阅读边做笔记，通常可采用两种方法，一是“提纲式”，二是“图表式”。如自学“百分数的意义”一课，有学生做了下面的记录：

表4　自学笔记模板示例

课题	百分数的意义
主要内容	由来、意义、读写法、作用
与之相关的旧知	一个数是另一个数的几分之几
知识的关键	1. 百分数通常不写成分数形式，而是在数字后面加上“%”。 2. “成数”用百分数表示，几成即百分之几十，如“三成”即30%，“三成五”即35%。

有了自学记录，学生学习就有内容，有方向，不会感到无所适从了。长期坚持，学生的自主阅读能力会得到明显的提升，阅读的意识也会有所加强，为真正的自主学习埋好“桩点”。

二、“导思”策略

让学生学会“数学地思维”和让学生具有数学的精神和眼光是数学教学的核心。教学中，教师应力求将自主学习的过程变为培养学生思维方法和培养思维能力的过程。具体策略是：

1．启发学生质疑问难，以问促思

以保护学生质疑品质为前提，努力教授方法。一是抓住关键词语质疑；二是变换条件或问题质疑；三是根据知识的前后联系质疑。

2．重视直观，借助表象，发展思维

心理学研究表明：小学生的思维是以具体形象思维为主，逐步向抽象思维过渡。因此在自主学习中，要注重从学生的年龄、思维特点出发，重视从直观形象入手，增加操作活动，让学生多听、多看、多动手，调动多种感官，使其获得多方面的感性知识，在此基础上，引导学生凭借直观形象来发展初步的逻辑思维。

3．以旧学新，促进迁移，启迪思维

这样做是为了使学生的自主学习遵循“两个特征”：一是教材特征。现在数学教材的很多内容一般都是采用“同心圆式”的编排（如图16），即在高年级教学内容中包括了低、中年级的内容；二是认知特征。著名心理学家奥苏伯尔说：“学习过程中的新观点要与学生认知结构中原有的相关观点建立起实质的和非人为的联系，这样的学习才能称为有意义的学习。”学习活动，只有建立在学生已有认知的基础上，才有意义，才能谓之“有效”。

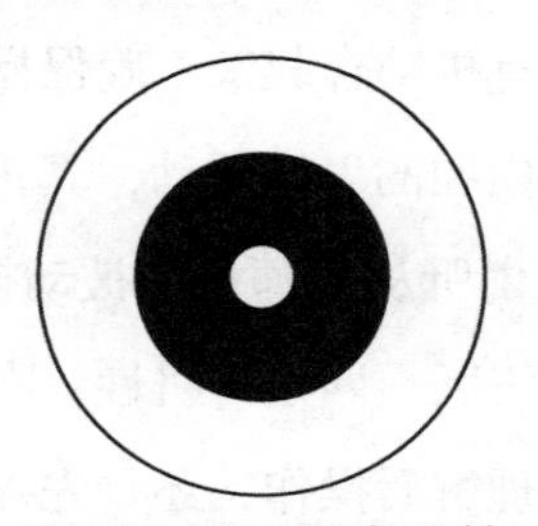

图16　同心圆式编排

4．进行逻辑推理训练

在课堂教学中，根据学生的特点，帮助学生掌握一些基本的逻辑规则。例如，引导学生懂得先从哪里进行思考（谓之思维有始），怎样有条不紊地进行思考（谓之思维有序），思考的根据是什么（谓之思维有据），长此以往，学生会逐渐形成良好的思维能力和思维习惯。

5．指导学生多方面、正逆向思考，克服思维定式，学会从多角度提出有价值的数学问题

提出问题比解决问题更重要。我们应将努力提高学生提出问题的能力视为数学教学的一个重要目标，在具体的教学过程中有意识地加以引导和培养，使学生的这一能力在学习中逐步提高。

三、“导做”策略

新一轮课程改革将“动手实践”作为一种重要的学习方式，要求让学生亲历“操作实验、观察现象、提出猜想、推理论证”等活动，从而让学生获得知识、积累活动经验、感悟数学思想。那么，教师应如何扎实而有效地开展操作活动，培养学生的实践能力呢？

在实际教学中，我们应遵循“导做”的基本原则：一是目标性。学生动手操作前，应明确做什么、为什么做和怎样做；二是结合性。学生在尝试的过程中，要将观察、阅读、思维有机结合起来，确保操作方式合理。同时，促使学生把直观的操作经验转化为内在的思维活动，真正实现知识的内化；三是创新性。要促使学生不断实践，由听从教师指令被动操作逐步走向自主创新操作，逐步实现模仿向创新实践的飞跃；四是时机性。在活动的过程中，教师要准确把握学生操作的时机，是先理解后操作，还是先操作后理解，一切要根据学生的认知特点及知识的内在结构来综合考虑，切不可让操作成为一种装饰或点缀。

例如，在教学“长方体和正方体的认识”一课时，教师给学生提供了数量充足的小棒和接头。让学生以小组为单位，先讨论需要多少根什么样的小棒和几个接头能拼成长方体和正方体，然后让学生实际操作。还可以准备一些橡皮泥和卡纸，让学生自由捏出、拼出长方体和正方体。在操作前，教师应提出

具体的操作要求，同时出示一些思考题，让学生带着问题和思考进行操作。这样的操作活动，能够为学生留下充足的探究空间，激发学生的探究欲望。

正如荷兰教育家弗赖登塔尔所说："指导再创造意味着在创造的自由性和指导的约束性之间，以及在学生取得自己的乐趣和满足教师的要求之间达到一种微妙的平衡。"因此，教师有必要对学生的自主探究活动进行适时、适度的"指导""引导"，寻求"导"和"学"的最佳结合点和平衡点，真正让课堂从"师本"走向"生本"，最终让学生形成自主学习能力和终身发展的意识。

（注：此文发表于《小学数学教师》2014 年第 7、8 合期）

第五节 自主复习：提升学生的学习力

叶圣陶先生曾说过："教育是农业，不是工业。"也就是说，教育不像一部有序运转的机器，而更像是有机的生态系统。每当读到这句，我就不由自主地想起自己的教学追求——"教有'根'的数学"，那是怎样的一个画面呢？看得见的，是参天大树，枝繁叶茂，畅快地摇曳在天地间，那是学生学习力提升、核心素养发展的隐喻。看不见的，是土壤下面那粗壮的、生机勃勃的根，它源源不断地汲取着天地间的营养，默默支撑着树的蓬勃发展。是的，生长需要扎根，需要激发生命体内部的自我，我们要在学习力理论指导下寻求重构学生学习生成发展之路，这是当前课程改革的重中之重。学习力，最早由美国麻省理工学院的佛瑞斯特（Jay Forrester）于 1965 年在《一种新型的公司设计》一文中提出。学习力作为一个崭新的概念，国外的研究中把它定义为一个人的学习动力、学习能力和学习创新力的总和，是人们获取知识、分享知识、运用知识和创造知识的能力。什么是学习力？区别于指向个体知识学习的一般界定，区别于立足学科学习的学科能力，也区别于目前正在研究的核心素养，我们的界定是：学习力是学生的生长力（活力、能量）。学习力是人的生成、生长和发展，是人具有的饱满生命能量与活力。[①] 学习力的形成与提升，关键在于引导学生学会自主、学会选择。而我国的学生普遍缺乏自主的意识和能力，如何引导学生学会自主选择、自我负责、主动发展，最终形成终身可持续的学习力，是教师的重要课题。

复习课贯穿小学数学学习的始终，在数学教学中有着重要作用，学习过程中不同阶段伴随着不同类型的复习课。实践证明，复习课学习效果的提升，有利于学生的认知形成知识链，会使学生的思维得到有效发展和提高，有利于学生学习力的形成。实际教学中，很多复习课以“机械训练、题海战术、以练代课”等单一的形式进行，难以调动学生的主动性和积极性，成了教师指令下的“操作工”，学生自主建构知识的能力得不到有效培养，学生不会整理复习的现象普遍存在。在教学实践中，要注重让学生自主整理，建立知识之间的“联结点”，帮助学生建构有效知识链；关注学生知识的“出错点”，在错题上挖掘和扩散，在不断的纠错中提升认知；突出知识内在的“思想点”，触及知识的本质，让学生在思维走向深刻的过程中感悟数学思想。本文以“运算律”内容为例，谈谈关于复习课的思与行。

一、自主整理：建立知识的“联结点”

依据数学知识的特点，在复习课之前，需要以多种手段充分了解学生掌握基础知识和基本方法的实情，让学生把已经学过的和掌握的零散知识形成体系，打通知识之间的界限，找到知识间的内在“联结点”，自主建构知识链。

无论是单元复习课，还是归类复习课，我都会让学生自行整理，整理后小

① 裴娣娜：《学习力：诠释学生学习与发展的新视野》，《课程·教材·教法》2016 年第 7 期。

组内交流各自整理的成果。在此过程中，还要注重让学生掌握整理知识的一般方法，培养和形成学习力。比如，有些知识适合摘录整理，有些知识适合画图整理，有些知识适合表格整理，还有些知识可以用“思维导图”或者“导学单”等形式整理，要指导学生学会这些基本的整理方法，在掌握基本整理方法的基础上让学生根据实际内容自主选择整理的方法，在引导学生自主整理的基础上进行交流，在深度交流的基础上让学生辨析自己整理的优缺点，通过借鉴和反思，从而慢慢形成自主整理的关键能力。在一个单元或一类知识学习结束后，可以有意识地培养学生自主整理复习的习惯，掌握一定的复习整理的方法。教师可以通过核心问题引领，或者设计一些表格让学生带着问题、任务、思考进行整理。

运算律，是小学阶段一个重要的内容，这一内容的整理和复习的效果，尤为重要。可以通过这几个问题来引领孩子去自主整理：

（1）本单元学习了哪些运算律，你是怎样发现这些运算律的？

（2）应用这些运算律能进行哪些简便计算？你觉得有值得提醒小伙伴们注意的错误吗？试着举例说明。

（3）在本单元探索规律的过程中你积累了哪些经验？有哪些体会和感受？

（4）在思考并回答问题的基础上，选择合适的方式把本单元的知识和方法整理出来。

在学生有了自己的思考和整理的基础上，组织小组或者同桌交流各自整理的作品，选出有代表性的作品在全班进行展评，在辨析交流中逐步完善自己的作品，建构合理的认知结构。在此过程中，不仅关注整理的成果，更为重要的是让学生在调整、修改自己作品的同时，掌握复习整理知识的一般方法。如果初期学生不能很好地整理出来，老师可以呈现一些好的作品加以引导。例如表 5 和图 17。

表 5　运算律和运算性质

	文字表述	字母表示	例子
加法结合律	三个数相加，先把前两个数相加，再与第三个数相加；或者先把后两个数相加，再与第一个数相加，和不变。这就是加法结合律	$(a+b)+c=a+(b+c)$	
加法交换律	两个数相加，交换加数的位置，和不变。这就是加法交换律	$a+b=b+a$	
乘法结合律	三个数相乘，先把前两个数相乘，再与第三个数相乘；或者先把后两个数相乘，再与第一个数相乘，积不变。这就是乘法结合律	$(a\cdot b)\cdot c=a\cdot(b\cdot c)$	
乘法交换律	两个数相乘，交换因数的位置，积不变。这就是乘法交换律	$a\cdot b=b\cdot a$	
乘法分配律	两个数的和（差）与一个数相乘，可以先把它们与这个数分别相乘，再相加（减），结果不变。这就是乘法分配律	$(a\pm b)\cdot c=a\cdot c\pm b\cdot c$	
减法的运算性质	①一个数连续减去两个数，等于这个数减去这两个数的和。这就是减法的运算性质。 ②如果一个数连续减去两个数，那么后面两个减数的位置可以互换	① $a-b-c=a-(b+c)$ ② $a-b-c=a-c-b$	
除法的运算性质	①一个数连续除以两个数，等于这个数除以这两个数的积。这就是除法的运算性质。 ②如果一个数连续除以两个数，那么后面两个除数的位置可以互换	① $a\div b\div c=a\div(b\times c)$ ② $a\div b\div c=a\div c\div b$	

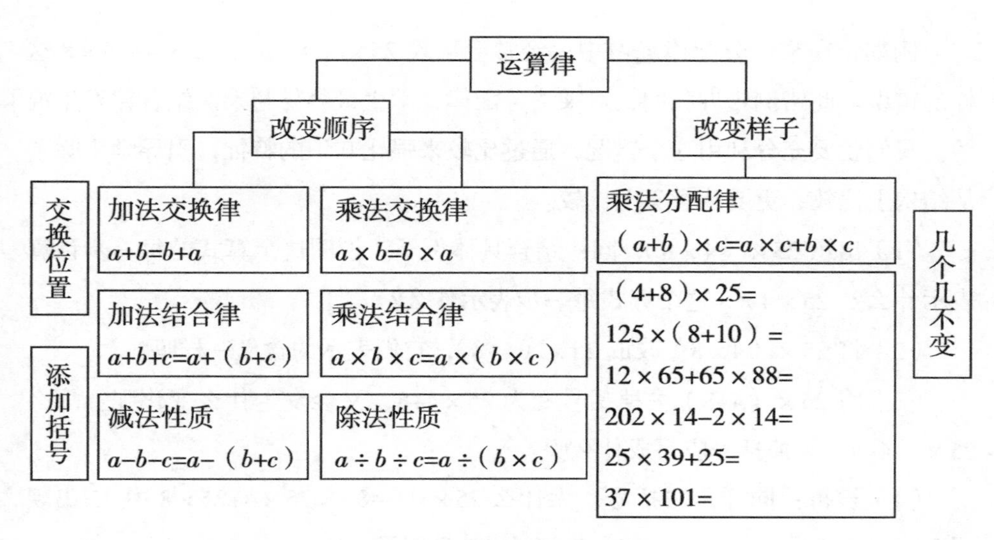

图 17　运算律思维导图

长期坚持，在不断尝试下，学生自然会掌握这些基本复习整理的方法，积累复习与整理的经验，树立自主建构的意识，真正形成自主整理的能力。

二、借题扩散：挖掘知识的“出错点”

学生在日常的学习中，出错是在所难免的，没有错误的学习不是真正的学习。作为老师，要做一个有心人，除了要高度关注学生出现的错误并建好自己的错题库，更重要的是引导学生树立关注错误、分析错误的意识，要“化错为宝”，帮助并指导学生建好错题库。到了复习阶段，就要从学生的错题库中选出典型的、共性的、有意义的错题去辨析，通过对错题的剖析，用易错题来带动旧知，可以激发学生回顾旧知的欲望，在辨错、纠错的过程中重新理解知识，加深对知识本质的认识。同时，借助“错点”，还可以举一反三，适度扩散，把一类知识或者一类错例进行梳理，准确找出问题的“盲点”，通过学生自我思维过程，寻求达到“承前启后、查漏补缺、温故知新”的复习目标。

例如，在乘法分配律练习中，经常会出现25×（4×8）=25×4+25×8这样的错误。此错例告诉我们，对乘法分配律，学生最容易与乘法结合律发生混淆。我们就要充分利用这个错题，通过比较来强化知识的特征，引导学生除了从结构上比较，更要从意义上比较。

（1）出示25×（4×8），问：结合具体例子，说明这个算式的每一步计算表示什么？25×4×8这个算式每一步表示什么？

（2）将25×（4×8）改成25×（4+8），它们表示的含义一样吗？

（3）将25×（4+8）去掉括号变为25×4+8，又会发生什么变化呢？那么25×（4+8）去掉括号应写成什么呢？

（4）辨析：同样是去括号，为什么25×（4+8）=25×4+25×8中25出现了两次，而25×（4×8）=25×4×8中25只用了一次？

上述过程，运用了多种比较和多次比较：纵向上，乘法分配律与乘法结合律进行比较；横向上，乘法分配律左右两个算式进行比较。每一种、每一次形式上的比较，其实质都归结于意义上的比较。表面上，与乘法结合律比较花费了更多的教学时间，实质上却在反作用于乘法分配律的理解和记忆，比较常常能够达到一举两得的功效。为此，在练习中，我们还可以借25×44来做文章，如果变成25×（4×11），则用乘法结合律简算，如果变成25×（40+4），则用乘法分配律简算（其实也就是竖式乘法的算法），一题两法，对比鲜明。

到了复习阶段，只有充分利用学生的“出错点”，分析“易错点”，让学生在分析比较中提升对原有知识的认知，促进学生对知识本质的理解，这样的复习课才是有效的，才会促进学生思维的深度发展。

三、提升认知：凸显知识的“思想点”

复习课，除了对知识进行系统的整理和建构，进一步厘清知识间的联系和区别，更是提升学生认知，凸显数学基本思想最好的时机。在复习的过程中不断地用数学思想激发学生的思维，让学生在一次次的激发中，不断地去反思、积累、顿悟、深刻，将“数学思想”化隐为显，充分体验数学思想的魅力，感受数学思想的力量。

运算律，顾名思义，是运算中产生的规律，是小学阶段唯一以定律方式呈现的内容。在现行的教材中，无论是苏教版、人教版、北师大版，都无一例外地以生活情景导入，通过举例，借助不完全归纳推理来找到规律。在探索规律的过程中，学生经历观察、举例、探究等过程，发现规律并应用规律，这是很多人探究知识的一般流程，特别是小学生学习数学知识，更多的是采用这种不完全归纳推理的基本方法，这也是数学基本思想中的推理思想。在经历了探索规律、解释规律的过程后，也可以结合两位数乘一位数、两位数乘两位数的计算方法及算理，让学生在计算中初步感受一下演绎推理的力量，让学生知道运算律是伴随着计算自然而然生长出来的，两种不同的角度，会让学生的思维发展更加多元化。不论是运算律的形成过程还是建模的过程，在符号表征、图形表征等多样化表征运算律的过程中，学生在其间领略到数学建模的方法以及符号化的模型表达方式，感受到变与不变辩证思想的启蒙，在后续不断运用运算律的过程中能体会到化归思想，如“$78\times2.1+2.2\times21$”可以转化成“$78\times2.1+22\times2.1$”进而转化成“$(78+22)\times2.1$”即“100×2.1”。正是因为数学思想的凸显，学习者在体验数学美妙感的同时，能产生心灵的震撼，这种震撼，往往会让人终生难忘。

数学思想方法需要提炼。一般来说，数学内容呈现在前，数学方法提炼在后。因此，复习课是提炼数学思想方法的重要时段。对于教材而言，数学思想方法理应成为每章每单元复习的主题。数学不等于逻辑。在回顾梳理一个单元或一类知识内容的时候，将蕴藏在数学知识中的思想方法凸显出来，需要从数学的本质着眼，以更高的观点加以审视，进行剖析、概括、深思和欣赏。

（注：此文发表于《教育视界》2019 年第 6 期）

第六节　转化思想：促进学生的迁移力

在面对数学问题时，如果直接应用已有知识不能或者不容易解决该问题，就将其转化为能够解决或者比较容易解决的问题，最终使原问题得到解决，这种思想方法称为转化思想。转化是一般化的数学思想方法，小学的数学学习是螺旋上升的，数学知识呈现由易到难、从简到繁的过程，学生在学习数学、理解和掌握数学的过程中，常常使用转化的方法把陌生的转化为熟悉的、繁难的转化为简单的，从而逐步学会解决各种复杂的数学问题。可以说，转化是攻克各种复杂问题的法宝，是小学阶段使用最多的基本策略，善于使用转化是数学思维的一个重要特点。我一直追求“教有‘根’的数学”，探索如何用数学思想方法统领课堂教学，并借助数学思想方法的活用反复锻炼学生的思维能力。那么，学生在小学阶段，就能在成百上千的问题和生活情境中去感悟同一思想方法的熏陶与锻炼，纵然把数学知识忘了，但数学思想方法也会深深铭刻在头脑中，长久活跃在将来学生的日常生活工作中，影响学生的思维方式。

感悟·提升·应用——“转化”策略教学设计与思考

一、教学内容

苏教版数学第 12 册第 71、72 页的例 1、“试一试”和“练一练”，第 74 页练习十四的第 1—3 题。

二、教学目标

（1）使学生初步学会运用转化策略分析问题，确定思路，并能根据问题的特点确定具体的转化方法，从而有效地解决问题。

（2）使学生通过回顾运用转化策略解决问题的过程，从策略的角度进一步体会知识之间的联系，感受转化策略的应用价值。

（3）使学生进一步积累运用转化策略解决问题的经验，增强解决问题的策略意识，主动克服在解决问题中遇到的困难，获得成功的体验。

三、教学重点

感受“转化”策略的价值，会用“转化”的策略解决问题。

四、教学难点

会用“转化”的策略解决问题。

五、设计理念

本节课设计力求突出现实性、趣味性、思考性、开放性和交互性，以激发学生兴趣，促进学生思考。教学中以学生自主探究为主，培养学生运用所学知识解决实际问题的能力，培养学生的数学意识和创新能力，为学生之后的学习与成长奠定基础。

六、设计思路

纵观探索过程，本节课有运用平移、旋转进行图形等积变化的转化，有图形面积公式的转化，还有计算小数乘法和分数除法时的转化，以及数量关系之间的转化。通过回忆和交流，要让学生意识到转化是经常使用的策略，一直存在于我们的数学学习之中，虽不是新的知识，但需要进一步的感悟和提升。这节课要努力让学生产生“蓦然回首”的顿悟，获得“心有灵犀一点通”的喜悦，从而主动应用转化的策略解决问题。基于上述设想，采用以下步骤进行学习：（1）创设情境，揭示策略；（2）回顾举例，丰富转化；（3）尝试探究，感悟策略；（4）拓展运用，提升策略。

七、教学过程

（一）创设情境，揭示策略

教师用PPT出示“灯泡”

师：同学们，这是什么？谁发明的？

（引出“爱迪生巧测灯泡”的故事）

有一次，爱迪生把一只梨形的灯泡交给他的助手阿普顿，让他计算灯泡的容积是多少。阿普顿拿着这只灯泡，画出了各种示意图，列出了一道道算式。一个钟头过去了，爱迪生着急了，跑来问他算出来了没有。“正算到一半。”阿普顿慌忙回答。“才算到一半？”爱迪生十分诧异。走近一看，哎呀！在阿普顿的面前，几张白纸上写满了密密麻麻的算式。“何必这么复杂呢？”爱迪生微笑着说，“你把这只灯泡装满水，再把水倒在量杯里，量出来的水的体积，就是我们所需要的容积。”“哦！”阿普顿恍然大悟。他跑进实验室，不到1分钟，就求出了灯泡的容积。

学生阅读后，教师提问：如果让同学们求这个灯泡的容积，怎么求呢？

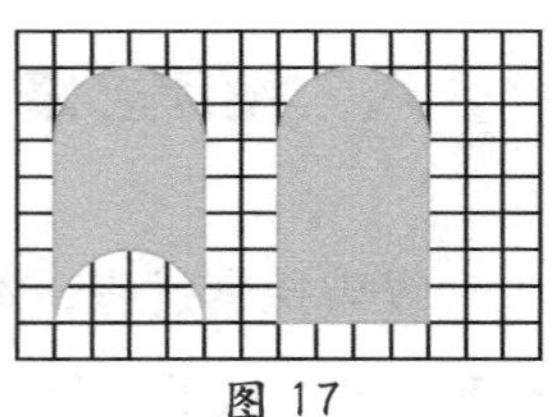
图 17

师：请同学们看屏幕，老师这儿有两个平面图形（见图17），请你仔细观察，它们的面积相等吗？（停顿几秒，给学生思考的时间）（不相等）。

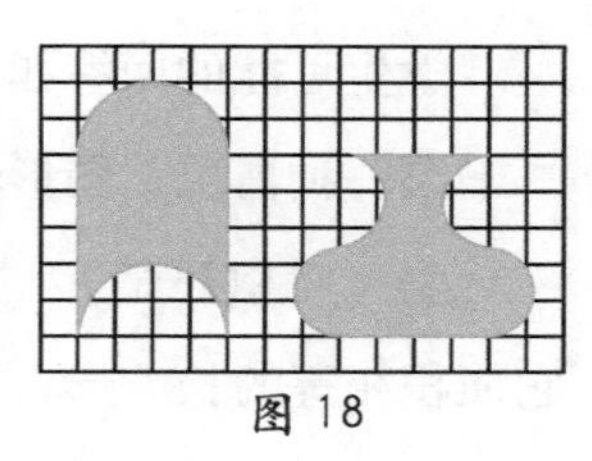
图 18

师：再看，这两个图形的面积相等吗？（见图18）能一下子就看出来吗？哦，有的同学看出来了，有的同学还在思考，确实不容易看出来。没关系，同学们之间可以交流交流，相互启发一下。（学生交流后）讨论好了吗？哪位同学来说说你的想法？

（根据学生回答，教师演示变化的过程）

师：现在你能判断这两个图形的面积相等吗？

生：相等。

师：我们来回顾一下，为什么刚开始看不出两个图形的面积关系，后来就看出来了呢？

生：把复杂的图形变成简单的图形，面积就容易比较了。

师追问：那图形在变化（转化）的过程中，你有什么发现？

生：图形在变化的前后，形状变了，面积没有变。

师小结：对。正是由于面积没有变，而变化后的两个长方形面积相等，我们可以推断，原来两个图形的面积也相等。像这样，把复杂图形变成简单图形来解决问题的办法，是一种非常重要的策略——转化。（板书：解决问题的策略——转化）

思考：此环节利用故事引入，激发了学生的求知欲。通过比较，让学生初步感知转化的策略。同时，通过教师的追问，让学生感知转化的实质是什么，从而导入课题。

（二）回顾举例，丰富转化

1. 过渡：转化的应用非常广泛。其实同学们在以往的数学学习中早就已经运用转化的策略解决过许多问题。请同学们回顾一下，你能举个例子吗？

学生可能的回答如下：

第一种情况：图形转化

生（互相补充）：推导平行四边形的面积公式时，把平行四边形转化成与它面积相等的长方形。推导三角形的面积公式时，把两个完全一样的三角形拼成一个平行四边形，把三角形转化成平行四边形；推导圆面积公式时，把圆转化成近似的长方形。

师：对！这都是我们把没有学过的图形转化成我们已经会求面积的图形。

生（互相补充）：推导圆柱的体积公式时，把圆柱转化成长方体。推导圆锥的体积公式时，把圆锥转化成与它等底等高的圆柱。推导圆柱的侧面积时，沿着圆柱的一条高剪开，然后把它展开就是一个长方形。

师：在求体积以及圆柱的表面积时，我们也用到了转化。

第二种情况：计算

生：通分。（师：对，把分母不同转化为分母相同。）

生：计算小数乘法时，把小数乘法转化成整数乘法。（师：举个例子吧！）

生：计算分数除法时，把分数除法转化成分数乘法。百分数计算转化成小数计算。（师：这样就容易计算了。）

生：用乘法分配律，简便计算。（师：回答正确！这也是一种转化。）

教师根据学生的回答适当选取一些图形在电脑上进行演示。

2. 过渡：从同学们所举的这些例子看来，转化是我们在研究新问题的时候经常使用的一种解题策略。那这些运用转化策略解决问题的过程有什么相同之处？

3. 根据学生的回答，小结：对，转化就是把复杂的问题转化为简单的问题。（板书：复杂、陌生→简单、熟悉）同学们的体会和数学家华罗庚是相同的，他曾经发出过这样的感叹（电脑出示）：“神奇化易是坦途，易化神奇不足提”，把复杂的问题转化为简单的问题就是“神奇化易”。

思考：此环节学生集体回顾、同桌互补，教师动态回放，逐渐提升学生对以往知识的感知深度。对图形面积（侧面积）、体积计算公式的回顾，凸显了“转化”的策略，再通过回顾小数乘法、分数除法的计算过程，丰富对“转化”策略的体验。显然，几方面素材的感知有利于学生转化意识的初步形成。

（三）尝试探究，感悟策略

师：现在老师这儿有一些复杂问题，同学们能不能来个“神奇化易”呢？请看问题（如图 19）：请同学们仔细观察，这几个加数有什么特点？你会计算吗？

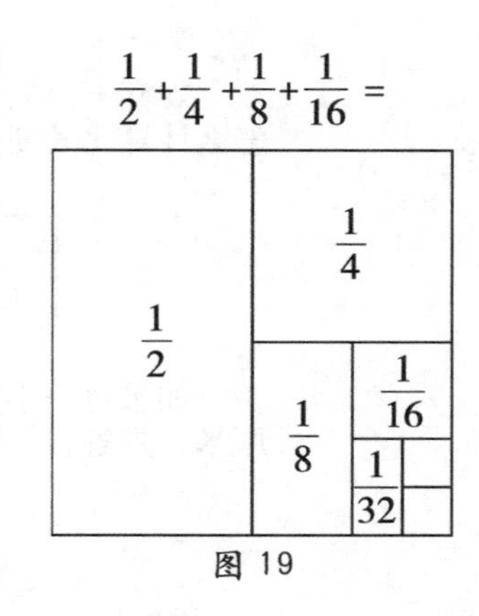

图 19

生：通分。

师：把异分母分数转化成同分母分数，那你算算看，结果是多少？

师追问：有更简单的方法吗？（若大部分同学有困难，教师可以提示）如果把这个大正方形看作“1”（点击），看看图，你有新的想法吗？（生：$1-\frac{1}{16}=\frac{15}{16}$）为什么你用 $1-\frac{1}{16}$ 来计算？

生：空白部分也是$\frac{1}{16}$，从图上就可以看出来，用 1 减去空白部分就是涂色部分。

师：有道理。这位同学没有直接计算这几个加数的和，而是从空白部分入手，把这个加法算式转化成一个减法算式也能求出它们的和。如果我给这题再添上一个加数，$\frac{1}{32}$，和是多少？再加$\frac{1}{64}$，如果这样加下去，一直加到$\frac{1}{1024}$呢？按照这样的规律还可以加下去，算式看上去是复杂的，但计算是简单的。

教师小结：看来我们有时还需要通过画图才能转化（板书：画图），换个角度，从反面思考。

师：这是一个复杂图形（见图 20），怎样求它的周长？

学生自己尝试解决后反馈交流。

在转化的过程中，他的周长有没有变？（长 5 宽 3，周长 16）求出了这个长方形的周长也就知道了原来图形的周长。你能列个算式求它的周长吗？

观察下面的两个图形，想一想，要求右边图形的周长，怎么计算比较简便？

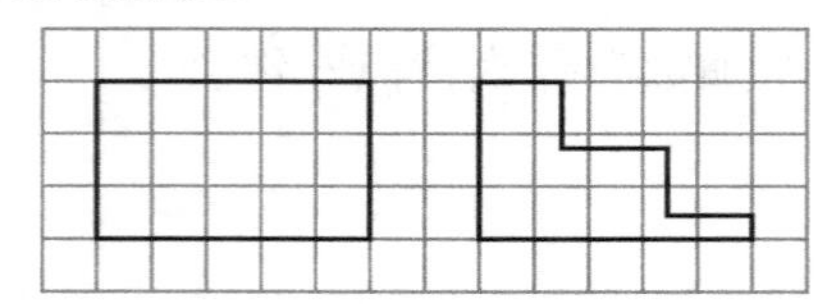

如果每个小方格的边长是1厘米，右边图的周长是多少厘米？先解答，再在小组里说说你的解题方法。

图 20

师小结：我们回顾一下，解决上图练一练这个问题的过程中，我们都用到了转化，怎么转化的？

（平移、旋转、数形结合）

师小结：通过一些具体的方法和策略，如平移、旋转、数形结合等，我们把复杂的问题转化成简单问题，原来的问题就迎刃而解了。（板书：数形结合）

思考：此环节重在让学生应用转化的策略来解决一些实际问题，在学生应用策略的过程中，形成一定的意识，同时感受转化策略的好处。解决问题的过程中，学生的灵气闪现出来，出现了几种不同的方法，甚至有的方法老师也没有预设到，由此可见学生的思维得到了充分的展现和发展。（这个方法是拆分法，就是把每个分数拆成两个数相减，如：$\frac{1}{2}=1-\frac{1}{2}$、$\frac{1}{4}=\frac{1}{2}-\frac{1}{4}$等，然后相互消去只剩下 $1-\frac{1}{16}$，同样得到结果。）

（四）拓展运用，提升策略

师：下面，老师请同学们运用转化的策略独立解决问题。（PPT 显示）

1. 练习十四第 1 题：

有 16 支足球队参加比赛，比赛以单场淘汰制进行。数一数，一共要进行多少场比赛后才能产生冠军？如果不画图，有更简便的计算方法吗？如果有 64 支球队参加比赛，产生冠军要比赛多少场？

（1）什么叫单场淘汰制？

（2）那 16 支球队比赛，决出冠军要比几场呢？（电脑演示图 21：16 支球队出来）同学们可以讨论讨论。你是怎么想的？对不对呢？

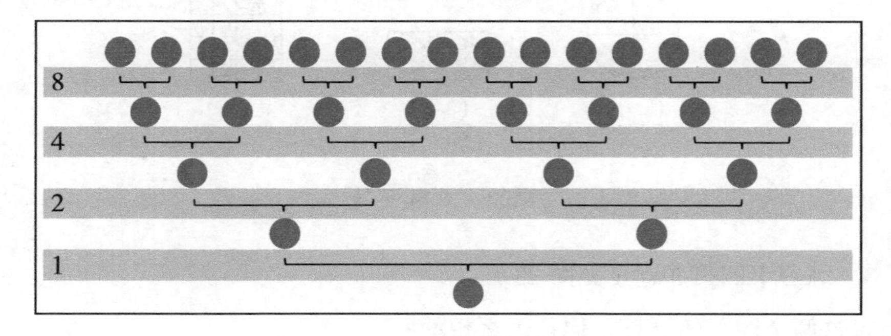

图 21　16 支球队

我们看图来验证一下，从图上看，要比赛几场呢？

生 1：8+4+2+1=15（场）

生 2：16−1=15（场）

师追问：说说你这样算的理由。（16 支球队要产生一个冠军，也就是要淘汰 15 支球队，而每场比赛淘汰 1 支球队，也就要进行 15 场比赛。）

若学生想不到“16−1”，教师引导：刚才几位同学说得都不错，他们都是从正面来思考“决出冠军要进行多少场比赛”。那能不能从淘汰的角度来想想呢？

（3）拓展：如果有64支球队参加比赛，产生冠军要比赛几场呢？（63场）

小结：解题时，可以不从正面进行思考（板书：从反面思考）

2. 练习十四第2题（见图22）

重点评讲第三个图形，涂色部分可以用哪个分数来表示？（$\frac{5}{8}$，学生在头脑中想象旋转时，易错成$\frac{9}{16}$）你是怎么想的？让学生充分说明自己的想法，也可以让学生上台演示他的想法。

师：你说的是这样吗？（电脑演示：准备割补、拼凑两种情况）。

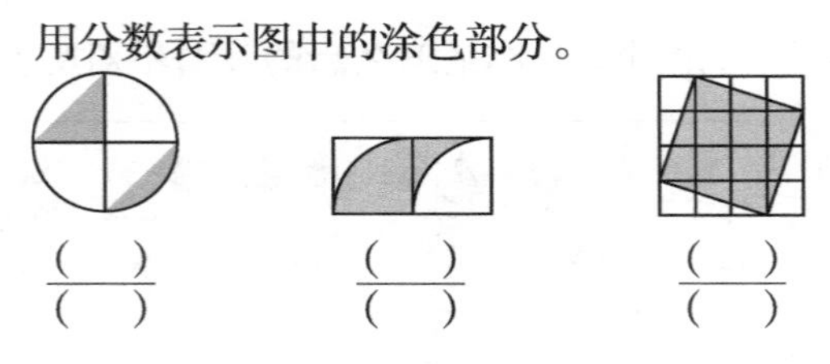

图22　分数问题

3. 练习十四第3题（见图23）

求这两个图形的周长。你是怎么想的？

课件演示：先分割再平移。

师（针对右边的图形）：虽然从图上来看，我们无法再把它变形，但经过推导我们可以知道这个图形的周长就是半径为4厘米的大圆的周长。感兴趣的同学下课以后可以继续研究。

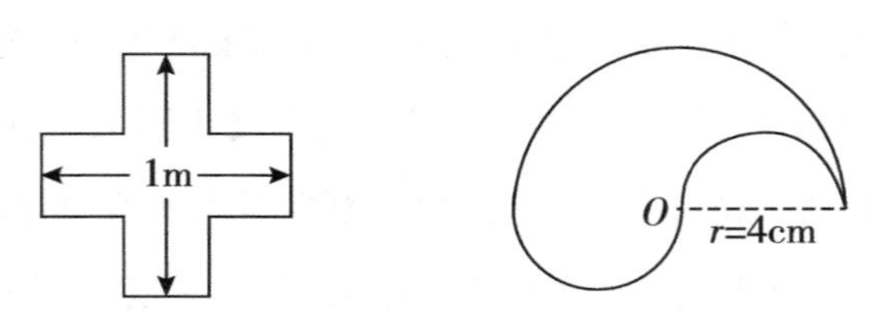

图23　计算图形的周长

4．全课小结

今天我们研究了转化的解题策略，你有什么收获呢？当然，转化的方法还有很多，我们要根据具体问题具体分析，灵活地运用转化策略。

5．数学文化

师：转化在我们解决问题的过程中普遍存在，古今中外转化的例子不胜枚举。

（可补充介绍：刘徽用“以盈补虚”推导三角形和梯形的面积计算、曹冲称象、司马光砸缸等。）

思考：最后一个环节让学生进一步体会应用转化策略解决一些复杂问题的好处，在学生多次应用策略后，教师应强调让学生回顾和反思，有利于学生从方法策略到数学思想的提升。从试教的效果看，在这个过程中，学生的思维非常活跃，时而低头沉思，时而窃窃私语，从遇到困难时的思索到解决问题的兴奋，从碰撞到融合，从冲突到个性解答，课堂上涌现出许多由学生演绎的精彩，让我们看到了学生的巨大潜能。

（注：此文发表于《小学数学教师》2011年第11期）

第七节　生成资源：捕捉思维的闪光点

师父华应龙常说：“对待学生的思维成果，不应着眼于对还是不对，而应着眼于有价值还是没有价值，价值是大还是小，是现实价值还是长远价值！”我常常念叨着师父这段话，尤其是在课堂上，在和学生对话交流时，绝不敢怠慢学生的每一次表达，唯恐错过学生每一个思维闪光点。每当学生回答错误时，我的大脑都会快速运转起来，要知道，差错极有可能成为正确的先导，怎么挖掘错误的价值？这正是考验我们课堂教学智慧的时候。学生的“差错”是机遇，是挑战，是生成精彩课堂的资源，教师的作用就是看到错误中蕴藏的“对”，搭建从“错误”到“正确”的桥梁，在不断的对比反思中让学生明晰知识的本质。

搭建从“错误”走向“正确”的桥梁

最近，研究了“平行四边形的面积”一课，在执教过程中发现，根据求长方形面积方法的经验，大部分学生用“邻边 × 邻边”的方法来计算平行四边形的面积。当学生提出了这样的猜想后，教师会组织一些操作活动，让学生通过“数方格”“割补平移”等具体操作来验证这样的说法与实际面积不符，验证“邻边 × 邻边”的方法是不对的，从而探索出“底 × 高”的一般方法。于是，“邻边 × 邻边”的方法就是一个典型的错误猜想，成为学生对比纠错的“对立面”，老师也会指出这样的方法是错误的。这样的“非此即彼”的教学，使得学生的思维很容易变成简单的“二元对立”思维：猜想或者经验不是对的就是错的。这样的思维其实不够全面，是有局限性的。在学生提出“邻边 × 邻边”的计算方法后，通过验证及探究，得到准确的方法“底 × 高”后，我们的教学任务就完成了。如果这时我们能够引导学生深度思考，通过比较让学生感悟到“邻边 × 邻边”也是有道理的，只不过它只适用于平行四边形的两条邻边相互垂直的时候，也就变成了长方形，而长方形恰好是平行四边形的特例，或者说长方形是特殊的平行四边形，所以，学生的经验“邻边 × 邻边”符合理性的正常思维，只是不够全面而已。中学学习了函数后不就是把长方形、平行四边形的面积统一到一个公式“底 × 邻边 $\times\sin\alpha$”（三角函数中 $\sin\alpha$ 表示角度为 α 的正弦值）吗？当然，小学无需给学生讲这些。但是，这样的教学，就不是简单的是非对错了，而是让学生经历这样的过程，体会到看似错误的方法里所蕴藏着的合理性，有利于改变学生“非此即彼”的常规思维，感受到当前知识水平背景下看似不合理、不正确的方法，以后随着知识的累积或许会转变为正确的，这样的教学就引导学生搭建从“错误”走向“正确”的桥梁。只有这样有深度的学习，学生的思维才会更加深刻和全面，学生看问题的角度也就会多出一些视角，改变传统的“非此即彼”二元对立思维。

引入环节，设计了一个队列训练的问题情境（一个圆片表示一个人）。

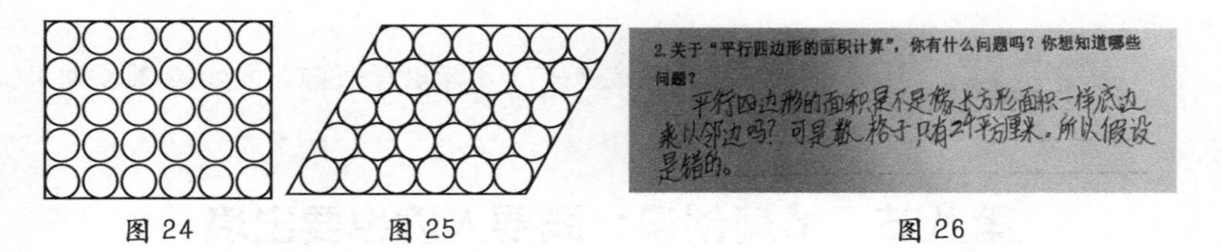

图 24　　图 25　　图 26

从图 24 到图 25，队形发生了变化，但人数并没有发生变化。这样的问题情境，从另一个角度，催生了学生从经验出发猜测“邻边 × 邻边”的合理性，使学生自然而然地想到（特别是图 25 的暗示作用）这种计算平行四边形面积的方法。在后续探究过程中，的确好多学生使用这种方法来计算平行四边形的面积，但也有具备反思能力的学生提出了这样的疑问（学生原话，见图 26）：“平行四边形的面积是不是像长方形面积一样底边乘以邻边吗？可是，数格子只有 24 平方厘米（该学生已经列了 6×5=30 平方厘米计算方法），所以假设是错的。”

鉴于此，我在课的最后，引导学生比较，为何在最初计算时形状从长方形变成了平行四边形，但依然可以用“底 × 邻边”来算出，而随后求面积却又不合理呢？在此引导学生关注求个数，实则是求的点的个数，而求面积，是面积单位的总数，从“点数”到“面积单位”，其本质发生了变化。学生的精彩回答也博得了听课老师的掌声。

通过这个案例的学习可以看出，学生的错误虽然是幼稚的、可笑的、不合理的，但往往又是美丽的，我们不能紧盯着学生的错误，不能将其简单地等同于对错是非问题，而是要挖掘错误的价值，看到错误中蕴藏的“对”，引导学生发展辩证思维，搭建从“错误”走向“正确”的桥梁。没有错误和意外的课堂，一定不是真实的课堂。人都是在错误中学习和成长的。同时，一定要抓住机会，聚焦学生思维的错点，通过前后对比让学生找到知识的本质，打通盲点，从而使学生的思维真正走向深刻，促进其深度学习的发生。

（注：此文发表于《小学数学教师》2020 年第 9 期）

第八节　情境创设：既要入境也要出境

情境设置对数学学习有一定的积极意义，“儿童来到学校虽然还未接受正式教导，但所具备的数学知识却比预料得多。”[①] 通过适当的情境设置我们可以有效地调动学生已有的经验和知识，从而为新的学习提供必要的基础，帮助学生更好地认识数学学习的意义。但是，数学教学中的“情境创设”不能简单地被理解成“生活情境”，后者有时甚至会给学生学习造成一定的困扰。郑毓信教授就讲过一个发生在美国课堂上的真实故事：为了让学生较好地掌握分数的意义，任课教师设计了“分南瓜饼”的生活情境，出乎预料的是，班上一个黑人男孩的全部注意力都被“南瓜饼是什么”“南瓜饼好不好吃”这样的问题吸引了，整节课都心不在焉。这样的案例虽然不具有普遍性，但也让我们反思，“情境创设”是不是一定就有利于学生调动经验，学生调动的经验是否就一定有利于新的学习活动，如何帮助学生在教学活动中组织和巩固他们的非正规知

① 理察・史今:《小学数学教育——智性学习》，许国辉译，香港公开进修学院出版社，1995。

识，很好地实现“去情境化”，提炼出真实情境中的数学问题，毕竟学校教学的基本任务之一就是帮助学生很好地掌握若干普遍的，而非某一特定工作所特需的基础知识和基本技能。

《义务教育数学课程标准（2022年版）》指出：“数学教学，要紧密联系学生的生活实际，从学生的生活经验和已有知识出发，创设生动有趣的情境。”在教学实践中，许多教师想方设法，试图创设生动、有趣的教学情境，沟通数学与现实的联系，力求唤起学生强烈的求知欲望，激发学生学习的主动性、积极性，从而提高课堂教学效率。

然而，审视时下的数学课堂，我们不难发现，目前数学课堂中的情境创设可谓是五花八门，异常热闹，使人眼花缭乱。透过这繁华、热闹的景象，我们不得不思考，这些教学情境的创设是否都能为学生的数学学习服务，是否都有助于学生对数学知识本身的掌握？数学教学中的情境创设应该基于特定学习目标和学习内容的需要，并非时时刻刻都需要将情境贯穿始终，在教学中，教师要有清醒的认识，巧妙地处理好“入境”与“出境”的关系，才能排除干扰，凸显数学知识的本质，让学生更好地理解与把握。本文试图以辩证的眼光来谈谈对数学课堂中情境教学的理性思考。

一、去除干扰，用数学眼光关注情境

案例：二年级下册“有余数的除法”教学片段

教师首先出示“水上乐园”的场景图。

师：小朋友，你们喜欢到水上乐园玩吗？

生：喜欢。

师：你们喜欢玩什么项目呢？

生：我喜欢玩大浪淘沙。

生：我喜欢玩……（同学们你一言我一语，开心地说着水上乐园如何好玩，他们如何喜欢。）

老师接着又出示一幅美丽的图画：在游乐园的一角，有一片草地，旁边有一个湖，湖边有许多小船，几棵小树在随风摇曳，有一群小朋友正准备租船。

教师又问：小朋友们，现在你们看到了什么？

学生再次张开想象的翅膀，争着对草地、湖水、绿树以及如何坐船到湖里去玩等作了各种各样的描绘和联想。教师让学生畅所欲言，一节数学课俨然成了看图说话课。学生说来说去就是没说到点子上，教师不得不把学生天马行空的思绪拉回到教学内容上来。到真正要开始学习有余数除法时已过去了 10 多分钟，然而这 10 多分钟对于一节课来说是多么的重要啊！

其实在这个导入环节中，可以直接出示小朋友在公园里租船的场景图。

师：图中的小朋友们在干什么？

生：准备租船。

师：有多少个小朋友，每条船最多能坐几人？

生：有 26 个小朋友，每条船最多坐 4 人。

师：你能提出什么数学问题呢？

去除了这些非数学信息的干扰因素，学生便能用数学的眼光关注情境，直奔主题，同时也能感受到游戏中也蕴藏着数学知识，从而进一步激发其主动探究知识的欲望。

此处情境创设的目的也就在于此，后者的处理较前者更为直接有效，既达到了目的，又将宝贵的教学时间花在了对有余数的除法的探究上。我们创设情境不能只图表面上的热闹，也不能让主题图中的非数学信息干扰和弱化数学知识的学习。如果这些非数学信息干扰了和弱化了学生的数学学习，则要果断地加以删除，引导学生用数学的眼光关注情境。

二、抓住本质，用数学语言凝练情境

案例：四年级下册“图形的旋转”教学片段

多媒体出示两个能绕不同方向旋转的风车。

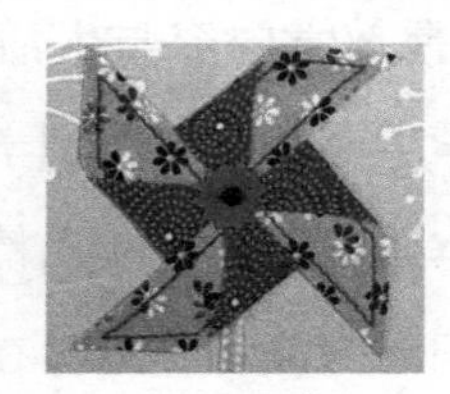
1 号风车

2 号风车

师：同学们，你们玩过风车吗？（屏幕上面出现风车转动的情境。）

师：风车正在做运动，它是怎么运动的呢？

生：旋转。

师：这两架风车在旋转时有什么相同的地方？

生：它们都围绕中心点在旋转。

师：不同的地方呢？

生：旋转的方向不同。（透过情境，学生很快抓住了本质，并且用数学语言诠释着情境带来的视觉感受。）

屏幕再次呈现时钟的旋转情境。

参考时钟

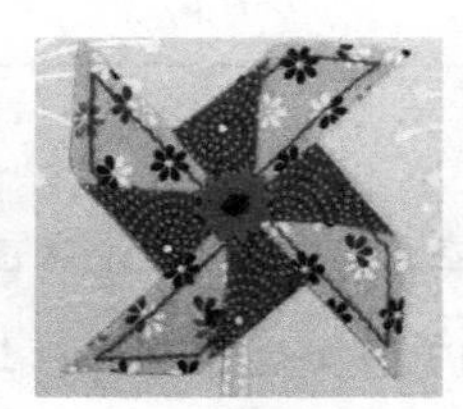
1 号风车

2 号风车

师：把两架风车的旋转方向与时钟的时针旋转方向做比较，你又有什么新的发现？

生：1号风车与时钟上时针旋转的方向一致，2号风车与时钟上的时针旋转方向正好相反。

师：与时钟上时针旋转方向一致的就是顺时针方向，与它相反的就是逆时针方向。（由此，顺时针和逆时针这一难点得到了突破。）

教师要深入观察学生的生活，准确把握教学内容与生活的联系，创设具有一定真实性和现实意义的教学情境，使学生能真切感受到学习内容与生活的联系。同时还要善于在情境中抓住事物的本质，适时地跳出情境，揭示知识间的区别和联系，从而有效地让学生把握知识的内涵和外延。在为学生提供主动参与数学活动经验平台的同时，更要为学生架设一座联系“数学”与“生活”的桥梁，让学生在情境之中抓住本质，学会用数学语言诠释情境。

三、建立模型，用数学规律诠释情境

案例：四年级上册“加法结合律”教学片段

多媒体课件出示同学们在操场上进行体育活动的场景。

师：操场上，同学们正在做体育运动，从图中，你获得了哪些信息？

生：28个男生在跳绳，17个女生在跳绳，还有23个女生在踢毽子。

师：要求参加活动的一共有多少人，你打算先求什么？

生1：先求跳绳的有多少人？（28+17）+23=68（人）

生2：还可以先求女生的总人数。28+（17+23）=68（人）（根据学生的方法，演示动态结合过程，并随机呈现算式。）

师：同样的一幅图，同样的一个问题，我们列出了两道不同的算式，第一种方法是先怎样，再怎样？第二种方法呢？同桌互相说一说。

生：第一种方法是先把跳绳的人数结合在一起，再加上踢毽子的人数；第二种方法是先把女生人数结合在一起，再和男生人数相加。

师：无论是哪种算法，都能求出参加活动的总人数，由此可见（28+17）+23=28+（17+23）。

此教学片段中，学生结合情境图和结果，初步感知了两道算式是相等的，然而学生对于形如此类的算式，如果换成其他的三个加数，结果是否还会相等是不能确定的，即便有感觉也只是猜测而已，也不是情境所能解决的问题。因此，此刻必须及时跳出情境，进一步帮助学生从个案向众多案例过渡，用列举的方法，通过计算加以验证，从而透过现象，探寻出三个数相加的一般规律，即三个数相加，可以先把前两个数相加，再和第三个数相加，也可以先把后两个数相加，再和第一个数相加，它们的和不变，至此加法的结合律得以充分建模，然后再让学生运用数学规律来诠释情境，使学生感知这两种算法其实就是运用了加法结合律，不同的路径达到了异曲同工之妙。

四、巧用策略，用数学思想丰盈情境

案例：五年级上册“解决问题的策略”教学片段

师：春秋旅行社组织了一支23人的旅游团外出旅游，到了晚上要安排住宿，已知某宾馆有3人间和2人间两种标准的房间，要求每个房间不能有空床位。

师：你能用自己的话来解释这个问题吗？

生：安排23人住宿，可以住2人间，也可以住3人间，但每个房间都不能有空的床位，也就是每个房间都应该住满。

师：非常准确。照这样的要求，你能帮他们安排一下住宿吗？

生 1：可以安排 1 间 3 人间，10 间 2 人间，正好可以住 23 人。

生 2：还可以安排 3 间 3 人间，7 间 2 人间，也正好住 23 人。

……

师：从同学们的回答中，可见安排方法有多种，答案并不是唯一的。那么符合要求的安排可能有多少种呢？有没有办法能将所有的可能性都一一列举出来呢？

生 1：可以列表。

生 2：也可以分情况计算。

生 3：其实分情况计算和列表是一回事。

师：我们用列表的方法来试试。你打算从哪种房间考虑起？

生：从 3 人间考虑起。

师：好，我们先从 3 人间考虑起。（师生共同计算分析。）

3 人间 / 间	1	2	3	4	5	6	7
2 人间 / 间	10	—	7	—	4	—	1

师：现在所有的情况都排列出来了，一共有 4 种不同的安排方法。仔细观察表格中的数据，你有什么发现？

生 1：2 人间不能超过 10 间，如果是 11 间，那么剩下的 1 人就无法安排；

生 2：3 人间不能超过 7 间，如果是 8 间，则需要 24 人。

师：3 人间的间数是什么数，2 人间的间数是什么数？

生：3 人间的间数是奇数，2 人间的间数是偶数。

师：为什么会有这样有趣的现象呢？

生：3 人间的间数如果是偶数，那么它们的积就是偶数，而剩下的人数就会是奇数，但是要想把2人间都住满，那么显然奇数是不行的，所以3人间的间数只能是奇数，这样剩下的人数就是偶数，可以安排2人间。

师：非常好，有了这样的发现，我们在计算时就简单了，根据数据的奇偶性，可以直接计算。

3人间/间	1	3	5	7
2人间/间	10	7	4	1

师：你能用这样的方法来尝试从2人间考虑起吗？

有了上面的策略，学生很快用这种方法，排出了各种不同的情况。

2人间/间	1	4	7	10
3人间/间	7	5	3	1

以上的教学情境中，学生不仅感受到了数学知识学以致用的喜悦，更感受到了运用策略的智慧，在解决问题的过程中，时刻与数学思想交流碰撞，而丰富有趣的数学思想方法又反过来不断丰盈着教学情境，使情境充满了数学的趣味性和合理性。

总之，在数学课堂教学中，我们应该用理性的眼光来审视教学情境创设，从学生已有的生活经验出发，根据学生认知特点恰当地创设课堂情境，使学生激发数学学习的自信心和兴趣，让学生在情境中激趣、诱思、悟理。然后在恰当的时候跳出情境，从数学的角度帮助学生关注情境、凝练情境、诠释情境、丰盈情境，从而进一步帮助学生把握数学的本质，让学生在情境与数学之间寻找到最佳契合点，体验数学的价值和神奇，这样才能帮助学生走出枯燥数学，奔向生动的、探索的快乐数学。

（注：此文发表于《小学教学》2017年第5期）

第七章
我的感悟

引子：在第一节，我很想跟大家分享我的一些随笔，这些随笔记录了我教育生涯的点点滴滴，有些文章已经有些年头了，现在读起来或许觉得有点稚嫩，但我仍然勇敢地把它们毫无保留地放在这里，权当对过去自己文字的一个交代。我所写所谈的都是我的教育情感、教育思考和教育故事，文章中的观点不敢说绝对正确，但我可以问心无愧地说，我忠于事实写出真诚的文字，每一个字都是从我心里流淌出来的。写作，并非无病呻吟，实践是它的源泉，阅读是它的基础，思考是它的灵魂。我迷恋于写，并不是因为我擅写，恰恰相反，写作可以说是我的短板，与自己的短板较劲固然痛苦，然而却迫使自己永不停歇地阅读、思考、实践，进而慢慢找到属于自己的风景。这些文章的存在并不是要给读者“指明方向”“提供理论”“传授方法”，而是想展示我所走过曲折的教育之路。对于我这样一个乡村教师，虽然出身平凡，但是只要不停地实践、不停地阅读、不停地思考、不停地写作，也可以把“牌”打好，成为一个享受职业幸福的人。

第一节　眼中有人，心中有人——也谈“以人为本”

“以人为本”，可以说是每一个教师都耳熟能详的“高频词”，教育强调的就是“以人为本”。口号容易，真正做到却不易。结合自己24年的教育生涯，说实话，要想真正做到太不容易了。一是源自教育的特殊性，教育的对象是活生生的、有思想的人，面对的是世界上最复杂的生物；二是源自功利心的使然，主要是社会、学校、家长，包括教师自己对待教育的期待很多时候简化为对“成绩”的期待，就导致教育不能回归本心，不能用一颗平常心对待我们的教育对象——学生。

眼中有人，心中有人，是教育“以人为本”最直接的表达。做人难，教做人更难。面对着个性迥异、差别巨大的群体，必然会有学习困难、不合群、调皮闯祸，甚至还会有顶撞不服管教的孩子。有时，我们会觉得束手无策而苦闷不堪，有时也会心灰意冷而暂时放之不管，更多的会在“爱”与“爱不起来”间摇摆徘徊，在具体的交往过程中也会因为“恨铁不成钢”而暴躁发怒。还记得，在接手某两个班第一个月，对学生的学习进行了一次摸底，结果一个班 19 个不及格，另一个班 21 个不及格，批改完试卷，我整个人都身心俱疲，觉得辛辛苦苦付出一个月，换来的却是如此结果，内心的挫败感特别强，去海边散步两次也未能很好地排解心中郁闷之气。

静下心来，却也发现这一切的烦恼，都源于自己求胜心切，功利心的驱使，眼睛里只有成绩，将学生的成绩视为优劣的唯一标准，一旦陷入了这种误区，教育就会变得简单粗暴，原本该是“灵动智慧”的教育，很多美好也会被遮蔽，于是学生变得简单，教师变得简单，师生关系变得紧张，失去了原本应该发生的很多美好的故事。教育，其实就是故事，是教师与学生、学生与学生之间不断发生故事的过程，教育的过程，原本应该由一个个动人的故事组成。

《尚书》里记载：“惟天地，万物父母；惟人，万物之灵。”自然生长出万物，人是万物之灵，每一个人都是一个宇宙，哪怕这个孩子成绩很差，哪怕这个孩子有这样那样的缺点。万物之灵的“灵”，内涵丰富。它既是师生平等关系的表达，也是对学生主体性、主动性、独立性、能动性的认知与尊重，更是对学生稚拙、粗糙、不完美的包容与理解，智慧地引导学生不断求真、至善，提升学习品质和人生境界。

做到“有教无类”，我们不能把一部分学生放在温暖的阳光下，而另一些则成为阴暗处的“苔藓”，选择性地忽略；做到心中有学生，不能只有部分成绩好的、学习拔尖的、聪明乖巧的学生，挑剔选择，见分不见人；做到“因材施教”，欣赏差异，引导每一个个体更好地发展，不做千篇一律没有灵性的躯壳。我认为，教育之爱，应该就是这样一种至诚、至真的“大爱”。教育的出发点是“培养人”。而“真正的教育”应该是促使灵魂的净化，实现人生境界的提升，引导学生从质朴纯真的儿童成长为实现人生意义价值的奉献者。回过头，慢下来，厘清教育究竟是为了什么，回到最初出发的地方，我们的“心结”自会释然，也能变“灰色”为“彩色”，看到五彩斑斓、精彩无限的学生世界。

于是，对待学生就会多了一些期待，多了一些包容，多了一些耐心……有时，让自己焦躁的心慢下来，静静等着，就好。更应该调整的是，即使你付出了，学生依然如故，看起来让你前功尽弃，但这又何妨？为何你的付出就一定要指望有回报呢？每个人的成长，都有着自己的密码，当找不到合适的钥匙，即使付出再多又有何用？渐渐地，用心做好自己，用心陪伴着，一切都会变得好起来。英国教育家怀特海说：“学生是有血有肉的人，教育是为了激发和引导他们的自我发展之路。”可是，在实际教学中经常出现移位现象，活动、考试、成绩等成为重中之重，人却在一定程度上被带偏了，这一切其实都背离了教育的初衷。《易经》“蒙”卦的卦辞说：“匪我求童蒙，童蒙求我。”意思是：“不是我求蒙昧的童子学习，而是蒙昧的童子求我施教。”中华传统文化多么了不起啊，古老的《易经》已经把教育看作是学生自身成长的需要，可见学生在教育中的主体地位。

《大学》开宗明义第一句就是“大学之道，在明明德，在亲民，在止于至善”。学生学习的目的就是彰显内心的善性，不断自新，达到“至善”的境界。教育，就是遵循以人为本的原则，引导孩童去除蒙昧无知，追求真、善、美的目标。

教育的过程，是一个漫长的过程，是一个需要经常慢下来的过程。理念树立本就不易，以正确的教育观念指导自己的教育言行则更是难上加难，需要经历长久的磨炼，关键还要能勤于反思，正误对比，不断感悟才能常有精进，才能不断提升对“以人为本”的真正理解。

心结的打开，耐心的等待，爱意的积淀，促进了师生关系的融洽，是学生真正的成长，而成绩也只是顺其自然的“附加值”，不去刻意追求成绩，成绩却往往会不经意间如期而至。

乐在其中，幸福也在其中……

引子：一个文明要想存续，就必须像一个强悍的物种那样，有能力避开进化的剪刀，把自己的基因传递下去。知识就是文明的基因，书籍则是基因的载体。[①]一个教师要想成长，就必须像每天洗脸刷牙那样，把阅读当作必需的生活内容，让阅读成为自己成长的阶梯。阅读是教师专业成长的重要途径之一，纵观一些名师的成长经历，哪个不是用书籍堆积起来的？一个愿意在书籍世界流连的阅读者，常常会在不经意间触发美好的遇见，那些以为没用的信息，在无意识间嵌入了你的头脑里，像一颗颗暂不发芽的种子一样蛰伏着，在未来某个时候可能就会突然“蹦出来”，与其他信息一起促使你勾勒出一幅全新的图景，而这幅新图景里，有你此前从未到达过的辽阔之处。难以想象，一个教书育人的人平日里不阅读能教好书。让阅读成为习惯，是教师应该有的职业修养，通过阅读我们可以完整地建构无愧于作为一个“人”所应有的精神世界，而这个灵魂饱满的世界又让我们有底气去面对教室中那一个个生命体，为那些成长中的孩子点上一盏心灯，照亮他们未来的路。

① 罗振宇:《阅读的方法》，新星出版社，2022。

第二节　让读书成为习惯——读张新洲《如何让读书成为习惯》一文有感

2022年4月23日，首届全民阅读大会在北京开幕。4月23日，也是世界读书日。习近平总书记给大会发来贺信，表示热烈的祝贺。总书记指出，“阅读是人类获取知识、启迪智慧、培养道德的重要途径，可以让人得到思想启发，树立崇高理想，涵养浩然之气。”第十九次全国国民阅读调查显示，2021年我国成年人人均纸质图书阅读量为4.76本。看到这个数据，还是有点感慨，虽然比2020年的4.70本提高了，但提高的幅度太小了。想起我以前为学校阅览室写的“阅读心语”，就是要培养学生“让读书成为习惯”，于是找到这篇文章。

在《人民教育》2006年第1期上，我读到中国教育报刊社张新洲老师写的一篇题为《如何让读书成为习惯》的文章，连读三遍，感触很深。

读过很多写读书好处的文章，说读书是一种享受，读书是一种快乐，文学巨匠高尔基曾说:“书籍是人类进步的阶梯，是全世界的营养品。”但从没有听过和看到过哪个人或文章说“读书是一种习惯”，所以当我看到这篇文章的题目时，就如获至宝，更有相见恨晚的感觉。静坐思定，仔细回味，看上去很简单的一句话，却蕴藏着极深厚的哲理。要想让读书成为习惯，说起来容易，做到实在是难。何为习惯？就是习以为常的行为方式。诸如吃饭睡觉可谓是习惯和需要，要想让读书和吃饭睡觉一样成为习惯，谈何容易啊！在略显浮躁的今天，书已渐渐被一些人束之高阁，沾满灰尘。扪心自问，一年下来，我们究竟读了哪些书？读了多少书？想想，可能会觉得有些惭愧吧。

纵观一些名师的成长经历，哪个不是用书籍堆积起来的？古往今来，无数圣哲、文豪无不是在让读书成为习惯中走向成功的。

我想，每个人心头都有一个属于自己的梦想，而读书能承载着人们心底的这个梦想，游向成功的彼岸。一个人成功的因素不只是读书，但是读书却是一个人成功的重要因素。

“有人常常把美好的时光花在喝茶、聊天上，整个晚上坐在电视机前，甚至面对着剩下的一点可怜时间犯起愁来，也不愿意拿起一本书来读一读。一个只凭两本书：一本教材和一本教参年复一年地重复着昨天的事的教师是可怜的。”①

文中的这一段话给了我极大的震撼，同时也很惭愧，惭愧自己浪费了许多宝贵的光阴。现在想来，任时光流逝，任平庸淹没自己的生命，这真是对自己生命的一种不负责任。

是做一个“可怜”的老师，还是做一个有追求、有理想的老师，值得大家静静思虑！

曾记得，刚从学校毕业走上工作岗位时，带着满腔热情和些许狂妄，追逐着自己心中的教育梦想。很快，现实的残酷击碎了我幼稚的感觉，赶跑了我无边的梦想。无知、贪玩和华而不实的我这时才知道自己的才疏学浅，才知道有很多知识在课本上学不到，才知道了坚持学习的重要性。

于是，有了灯下漫游书海的执着，有了一份坚守阵地的决心，久违了的永恒的教育梦想又悄悄爬上了心头。

于是，有了为买苏霍姆林斯基的《给教师的一百条建议》而四处奔走的足迹，最终还是一同学从南师大图书馆借回一本，自己利用一个暑假几乎把整本书都抄下来了。

随着时光流逝，岁月穿梭，每当在夜深人静的时候，听着轻音乐，漫步于书海中，那是何等的享受啊！在读书中，我渐渐体会到因读书所带来的无

---

① 张新洲：《如何让读书成为习惯》，《人民教育》2006年第1期。

与伦比的、久违的快乐和满足，读书也让我渐渐成长和成熟，让我收获着累累硕果。

曾记得，在新疆支教期间，我每天接受着全校老师的听课交流，先后五次应其他学校的邀请做示范课和开讲座。忘不了应教研室邀请在县教学能手评选大赛上对 14 节课进行点评，为此写 2 万多字的评课稿至凌晨 3 点半，终于赢得全县教师的满堂喝彩。近年来参加广东省中小学“百千万人才培养工程”培训，班上一些热爱读书的同学也让我不敢懈怠，当以他们为榜样，不断学习，不断求索。

联想到很多老师总是抱怨没时间读书，工作太多太烦，家务事总做不完，抱怨的同时，我又看到部分老师有时间上网聊天，打游戏，这是怎样的一种讽刺和悲哀啊！我想，当一个人坚持自己的理想，敢于追逐自己的梦想，燃烧“阅读改变人生”的火种，那么，没有时间、工作繁重和家务琐碎就不会成为无暇读书的理由，将不会再有小和尚撞钟——得过且过的日子了。

现在，深圳市教育局批准了我成立工作室的申请，搭建了一个让大家读书交流反思研讨的平台。我会和大家一起去精选书目，目的就是想让更多的人去读书、学习、交流，让更多的老师养成自觉读书的习惯，让更多的老师从中体会到读书的快乐。

其实，在“苦学”和“乐学”之间相隔的不就是一种精神境界吗？就我们教师而言，必须超越繁重的教学工作和琐碎的家庭事务的樊篱。这就注定在让读书成为习惯的路上，要靠一个人的毅力和耐性来支撑，只有勤奋而不畏劳苦的人才会有收获的喜悦。

每天早上五点半，师父华应龙老师都会在工作室群里发读书的笔记图片，从未间断。4 月 23 日早上，华老师在工作室群里发了《北京日报》刊发的《习近平的读书故事》，细读两遍，总书记读书的故事令人惊叹和佩服，总书记说“我爱好挺多，最大的爱好是读书”“读书可以让人保持思想活力，让人得到智慧启发，让人滋养浩然之气”“人民群众多读书，我们的民族精神就会厚重起来、深邃起来”等话语，让我很震撼，教书育人的我们，更应该多读书，多思考，要学思合一，知行合一，才能成为一名合格的“先生”啊！

引子：回顾这个篇章的时候，我的脑海里回响起马克斯·范梅南的话：“教育学就是迷恋他人成长的学问。”在这个物欲横流、浮躁喧嚣的时代，要坚守在教师岗位，“爱”必不可少。苏联教育家阿莫纳什维利有一句名言：“谁爱儿童的叽叽喳喳声，谁就愿意从事教育工作，而谁爱儿童的叽叽喳喳声已经爱得入迷，谁就能获得自己的职业幸福。”他的话，再次表明“爱”是教育的基础，真正走进教育，你会深刻地感受到教育工作者的不容易，总有各种意想不到的情况在等着：捣蛋的学生、不讲理的家长、说风凉话的同事、不认同你的领导……学校不是虚构的童话世界，有许多实实在在的问题需要我们去面对、去解决，而支撑我们披荆斩棘的就是我们对学生的爱，对教育理想执着的追求，对学生成长深度的迷恋。当我们能把教育当作自己的事，当作与自己生命融为一体的事时，就不会被任何事影响我们的教育心态和行为，爱，也在一日日的坚守中慢慢积聚，显现出越来越强大的力量。

第三节　爱，是需要慢慢积聚的

时光倒回到1997年，带着无限的憧憬和心中的教育梦想从师范学校的大门走上了工作岗位。随着时间的流逝，最初的工作热情和耐心逐渐消失，随之而来的是烦躁和粗暴。曾记得，在工作的第一年，有一次两个学生犯了错误，我让他们互相惩罚，导致两个孩子的友情遭受损害；曾记得，学生不做作业时，我的怒吼让学生们个个正襟危坐，忐忑不安，惊恐地看着我……放至今日，我都不知道自己还能不能在教师岗位继续坚持。最初的一切，成了我教育生涯中不可磨灭的记忆，也警醒着我与孩子交往过程中要讲究方法。

后来，斯霞老师的“没有爱就没有教育”让我知道了爱是教育的真谛，陶行知“捧着一颗心来，不带半根草去”让我知道了奉献的含义，李吉林老师“我是长大了的儿童”让我知道了童心的价值。

渐渐地，我能克制自己的火气，能耐心面对学生的错误，能主动去关爱学生、帮助学生了。学生们对我说的话也越来越多，敢和我开玩笑，喊我一起打球了。每逢毕业，孩子们总会拉着我的手跟他们留念拍照，一份份自制的小卡片和小礼物放满了我的办公桌；每逢教师节，总会收到孩子们的祝福；中秋节到了，可爱的孩子会悄悄在办公桌上放上一块月饼，一句句问候和祝福让我心中充满了做教师的幸福和自豪。

记得有一位叫孙君的学生，是一个思维发展缓慢、说话有点结巴、学习上存在严重困难的学生。不过，最困难的不是她的学习，而是她的心理。由于各种原因，她有严重的自卑感，自我封闭，从不与人主动说话和交往。每当看到她一个人孤零零地坐在角落里，心里就不是滋味。于是，我一有空就主动找她拉家常。开始她不说话，只是偶尔应话，她对人天生畏惧，可能由于长期不被重视等原因造成了这种现象。我平时特别关注她，留心捕捉她的闪光点，并及时肯定和表扬她，慢慢地她肯与我交流了，我从她的眼神中看出了她很渴望进步，渴望结交朋友。趁她不在的时候，我就和其他学生约定：下课后主动与她玩耍，学习上多帮助她，任何时候不许嘲笑她。通过一段时间的交往和观察，我发现她很热爱劳动，学习上虽然很困难，却很努力，只是基础过差而已。我适时的表扬和不经意的鼓励、帮助，都会令她开心不已，渐渐地她的笑容多了起来。有一次测试，她竟然考了 60 多分，这可是从没有过的进步！我十分高兴，在班上好好地表扬了她，同学们也对她的进步感到由衷的高兴。当时，她激动得哭了。看到她开心得抿嘴一笑，充满感激的眼神，我很幸福！

是啊，从简单、粗暴到细致、耐心，爱是需要慢慢积聚的。爱之则生情，有情则动心，人是有感情的，只要晓之以理，动之以情，导之以行，持之以恒，再难教的学生也会有进步的。成绩不是最重要的，最重要的是让每个孩子都能开开心心，快乐成长，每个教师都应该竭力让学校、班级成为孩子向往的乐园。如果为了提高学生成绩，而泯灭学生对学习的兴趣和信心，让学校成为学生害怕和恐惧的地方，这恐怕是我们做教师最大的失败！

苏霍姆林斯基说得好，“尊重和爱护学生的自尊心，要小心得像对待一朵玫瑰花上颤动欲坠的露珠”。

是啊，学生难免会犯这样那样的错误，我们切忌当众挖苦、打击、损害他们的自尊心；对待学困生、问题生，我们不应常批评，更不应抛弃和忽视，相反要有点偏爱之心，既要指出他的问题，更要为其指明努力的方向，要用我们的爱心和耐心慢慢感化他们。

“落红不是无情物，化作春泥更护花”。让我们把爱慢慢积聚，积聚成大爱之心，这也是我们做教师的基本之道。

（注：此文发表于《泰州教育》2012 年第 6 期）

引子：罗伯特·迪尔茨和格雷戈里·贝特森创立了 NLP 逻辑层次模型，把人的思维和觉知分为 6 个层次，自下而上分别是：环境、行为、能力、信念和价值观、自我意识、使命。[①] 处在环境这一层的成长者，遇到问题总是归因外部环境，运气不好、没有遇到伯乐等等，这样的人情绪不稳定，往往是十足的抱怨者。在自我意识的层面，会从自己的身份定位开始思考问题，即“我是一个什么样的人，我应该去做什么样的事”，在这个视角下，所有选择、方法、

① 周岭：《认知驱动：做成一件对他人很有用的事》，人民邮电出版社，2021。

努力都会主动围绕自我身份建设而自动转换为合适的状态。也就是说，能明确自己身份的人才是真正的高手，如果我们对自己的定位就是一个以书为伴、追求新知、乐于探索的人，阅读就会成为像吃饭、睡觉一样的基本需求，成为自己不做就会难受的事，哪里还会需要约束自己、强迫自己呢？信念从来都不是空的、假的，它是实实在在的特别强大的力量。所以，我们应该对教师角色有一个清晰的认知，让其成为我们成长的巨大推动力。

第四节　教师角色：从单一走向多元

2014 年教师节之际，习近平主席在北师大对广大教师提出殷切希望，要求教师做“有理想信念，有道德情操，有扎实学识，有仁爱之心”的新时期党和人民满意的“四有”教师。当前正值新一轮课程改革逐步走向深入阶段，教师的教育观念和价值观进一步得到更新和洗礼，教师的角色也从过去单一的“知识的传授者”走向多元化的“促进学生成长和发展”的引领者、陪伴者。作为一名教育者，目光和角度应从以往的只关注知识层面聚焦到更多地关注“人的发展”的层面，心中不仅装着知识，更重要的是心中有孩子。对照习近平主席的“四有”教师标准，我觉得，新时期的教师应该是：

仁者。仁者是中国古代一种含义极广的道德范畴，本指人与人之间相互亲爱。孔子把“仁”作为最高的道德原则、道德标准和道德境界。《论语·颜渊》：“樊迟问仁。子曰‘爱人’。”对于做教师的我们来说，要首先做一个“仁者”，其核心是“爱”。“爱”是一个人最基本的道德准则，作为教师，“爱”显得尤为重要，这种爱是一种“大爱”！爱学生，为什么要是“大爱”？因为这种爱不分贫贱，不分美丑，不分时段，能容纳孩子一切的幼稚和不成熟，甚至错误，是每时每刻都真正用心去爱每个孩子的一种爱，才能称之为“大爱”。

这种爱不是表面的溺爱，也不是只说孩子爱听的话说，而是发自心底的尊重、理解。年轻的老师可以像哥哥姐姐一样亲切，年长一点的有类似父母长者的深沉的爱融在里面，能真正领悟到孩子不同时期的成长特点，不同孩子身上的个性与闪光点，毫不懈怠地鼓励他们克服成长路上的一切困难，帮助他们走向成功，这些才是真正的爱的表现。现在的孩子都很有个性，所以我们一定要凭自己的真诚与智慧走进他们的心里，尤其是年轻老师，千万不要一开始就把自己塑造成一个强硬呆板的只知道让孩子做作业、答习题，不关心其成长感受的教师形象。《第 56 号教室的奇迹》作者雷夫在前言中说，"第 56 号教室之所以特别，不是因为它拥有什么，而是因为它缺少了一样东西——害怕。""害怕"会让孩子暂时沉默，但他的内心会因此对你失去信任感，对上你的课感到一种恐惧和不安，试问：孩子在这样氛围的课堂中能得到很好的成长和发展吗？宽容，是课堂教学的起点，教学民主的核心是思维民主。教学纪律的最高境界是无为而治，是知识主导下的"知识秩序"，而不是仅靠威严建立起来的"形式秩序"。当然爱心不等于不严格要求，这里的度老师们可以自己去体会，去把握，但切记要像苏霍姆林斯基说的那样，对待孩子的自尊心要像对待荷叶上的露珠一样小心，你才能真正成为一名"仁者"。

我想，只有拥有"仁爱"情怀的教师，才能领略孟子"得天下英才而教育之"的快乐和幸福。

导师。学生的世界观、人生观、价值观还未形成，容易受他人影响，相对也比较容易信任老师，因此老师对他的引领作用特别重要。在学习中、生活上、交往时，孩子经常会产生问题和困惑，老师要细细地观察他们的所思所想。每个年龄阶段，孩子都会发生变化，老师要知道他们缺什么，教授他们正确应对学习、生活、做人的一些方法，这对正处于学习启蒙阶段的孩子来说尤为重要，孩子会很受用，也会从心底里感激你。可能有的老师会想，我不是班主任，不用想那么多，那是片面的，只要你与孩子接触，只要你和他一起上课活动，你就对他起着关键的引领作用。美国有个曾获得诺贝尔奖的文学大师在回忆他的成长历程时，印象最深的是小学音乐老师，他认为决定他热爱文学创作的关键因素恰恰是一直存在自己脑海中的这位老师热情、向上、智慧、热爱生命的整体形象。因此每一个学科老师都不能小看自己的工作，要珍视作为教育者的责任，做好自己的工作，引领需要爱心，更需要智慧。

榜样。对孩子来说最好的教育莫过于言传身教，这个道理我们都懂，但往往会不注意实施的细节。我们认为只要对他们讲清道理就是为人师表，其实说教是无力的，陶行知老先生早就告诉我们最有效的教育是知行合一。有一点老师要形成共识，那就是要求学生做到的，我们必须先做到，这是针对一所学校的每个教职工来讲的。例如，孩子在我们的精心教育下，认为走楼梯确实要靠右，也认真地执行了。但有一次他看到一个老师大大方方地靠左走，他就会想这些都是老师骗人的，下次他也会这样做；一张纸在你面前，你像没事一样走过去，孩子会想，凭什么老师指使我们去干这个干那个，老师自己却没有做到，这些是需要每一位老师去留心做的。因此，要让学生对老师有礼貌，老师首先要尊重学生的人格；要让学生上课积极发言，老师首先要精心备课，营造民主的课堂氛围，给学生充分互动的机会等。总之，教师的每个举动都可能是孩子模仿借鉴的对象。这点我特别想提醒每一位老师，不仅是班主任，全学科的老师、职工等，对孩子来说，所有的成人都可能是他的榜样。

玩伴。我想任何一个孩子都会喜欢和他有共同语言的教师。老师没必要总是一本正经，整天板着个脸，去关心一下现在的孩子喜欢什么动画片、电脑游戏，经常参加什么活动，同学之间流行什么笑话，他们每天的生活状况大概是怎样的，心中有这些，教育才能做到孩子心里去，得到孩子的高度认同。我们都有体会，有时半小时的说教还比不上和他下一盘棋或者在游戏过程中一句开导的话有效，所以现代的老师们要保持自己孩童般的心态。李吉林老师曾说自己是“长大了的儿童”，这有助于了解孩子，陪伴孩子成长，慢慢教会他们一些更有益身心的玩耍方法，顺应他们身心发展的特点去教育，脸上挂着真诚的微笑，也使自己永葆年轻。男老师和孩子一起打球，女老师可以和孩子跳跳橡皮筋，或分享对时尚生活的看法，或趴在地上共同观察蚂蚁的活动等，都会很受学生欢迎。总之，要把生活和学习打通开来。

儿童的世界是充满想象甚至幻想的。那是一个斑斓的世界，物我两忘，一切皆有可能。这种想象力，是创造的源泉。亲爱的老师们，你的学生，可能就是爱迪生，可能就是毕加索，可能就是莫言。请不要轻易地嘲笑他们的梦想，扼杀他们的想象，粉碎他们的杰作，要学会为他们喝彩，哪怕是一些成人眼里看起来觉得愚蠢可笑的行为。

如果老师都能从“人”的角度来思考自己的角色，认识到教师角色的多样性，我们一定会成为一名受孩子欢迎的好老师、好伙伴，学生也才能真正从心里去接纳你，喜爱你，认同你。

（注：此文发表于《江苏教育报》2014 年 11 月 26 日）

引子：很喜欢读成尚荣先生的《儿童立场》，每读一遍都有新的感受。这本书用了近四分之一的版块来阐释“可能性”，在成尚荣先生看来，“可能性是人的伟大之处，更是儿童的伟大之处。”人之所以是人，其区别于动物及其他存在物的根本之处，就是因为人内心世界的丰富和由此产生的无限能量，这种能量让人存在种种发展的可能。什么是可能性？可能性就是“还没有”，还没有成熟，就会有缺点、犯错误，理解到这一点，就能从内心深处尊重儿童发展的规律，信任儿童的自主发展，就会满怀信心地去鼓励他们、引导他们。儿童的不成熟既是教育的机会又是儿童发展的动力；可能性就是“还未确定”，儿童“尚未定型”，充满可塑性，充满着改变的空间。我们要做的，是珍视这种不确定性，从儿童的“不确定”中寻求发展的最大可能；可能性意味着“可开发性”，好的教育应使儿童永远处在被唤醒、被开发的状态，也就永远处在发展的状态。教育要有多样性、针对性和个性化，寻找不同儿童的可能性，努力使每一个儿童得到最好的发展，发现儿童未来发展的最大可能和最好可能就是教育的使命所在。

第五节 让成长多些不确定

上海好友洪杰兄寄来一本林清玄先生亲笔签名的《金色般若》一书（见图24），读到其中一篇《枯萎的桃花心木》。讲了这样一个故事：林先生老家有块地租给了人家种桃花心木的树苗，看到种树人总是隔几天才来浇水，奇怪的是，他来的天数并没有规律，三天、五天，有时十几天才来一次。浇水的量也不固定。林先生感到非常奇怪，就问种树人：到底什么时间来？多久浇一次水？树苗为什么无缘无故会枯萎？如果你每天浇水，树苗应该不会这么容易就枯萎吧？

种树的人笑了，说："种树不是种菜或者种稻子，种树是百年的基业，不像青菜几个星期就可以采收。所以，树木自己要学会在土地里找水源，我浇水只是模仿老天下雨，老天下雨是算不准的，几天下一次？上午或下午？一次下多少？如果无法在这种不确定中汲水生长，树苗很自然就枯萎了。但是，只要在不确定中找到水源、拼命扎根，长成百年的大树就不成问题了。"

种树人语重心长地说："如果我每天都来浇水，每天都定时浇一定的量，树苗就会养成依赖的心，根就会浮生在地表上，无法深入地底，一旦我停止浇水，树苗会枯萎得更多。存活的树苗，遇到狂风暴雨，也是一吹就倒了。"

看到这里，内心被触动。作为一个教育者，很自然地想到我们每天面对的孩子，种树如此，培养孩子不更要这样吗？在不确定中生活的人，才真正经得起生命长久的考验。现今很多学校、老师在教育教学的过程中，都很注重"模式"：教学模式、管理模式、生活模式……甚至军事化训练，还有什么"成长模式”，当学生的成长都有个统一的“模式”“模子”，这时教育已经不是教育，而是变成了模式化的工业，在这些教育者心中，是不是我们的学生都是一个样子呢？尊重孩子的成长规律是应该的，但孩子的成长规律是一个“模式”能通用的吗？每个学生都是一个独特的个体，作为教育者，最重要的是陪伴，是提供各种各样的舞台、机会，是为孩子创设天然的成长环境，而不是替孩子成长。我们的教育，也要少些确定，多些不确定。因为在不确定中，他们才会养成独立自主的能力，不会依赖；在不确定中，他们才能深化对环境的感受与情感的觉知；在不确定中，他们才能把养分转化为巨大的能量，努力生长！作为教育者的我们，要提供自然、开放、民主、尊重的环境，让他们的生命自由成长、自主成长。

生命的成长，不可能那么固定，那么完美，那么一致，因为固定和完美的法则，就会养成机械式的状态，机械式的状态正是通向枯萎，通向死亡之路。

要培养孩子面对未知风雨的能力，努力学习如何才能找到成长所需要的水源，学会如何在自然状态下呼吸，向上生长，只有这样，孩子才能健康成长为“他的样子”，才能真正拥有自我生长所需要的“基因”，百年树人的基业也就奠定了。

图 24　林清玄签名版《金色般若》

引子："全国优秀教师""特级教师"乍一看，这履历相当出色，谁能想到这样的我也曾经在教师类别评比中拿过最低等级，也就是不合格呢？把这一段历史写出来，怎么看都有自我贬低的意味在，但我却依然毫不犹豫地分享出来，为的是让更多还在迷茫中的人找到一点力量，有勇气去点燃自己的"梦想"。成长是带泪的凝重，我这二十多年教学生涯也并非一帆风顺，刚毕业时懵懂无知、"成名"之后诱惑不断、人到中年"想要躺平"，看，这就是真实的人生，永远都会面临各种选择，幸好我一直都有"梦想"。歌德在《浮士德》一书中写道："苦痛、欢乐、失败、成功，我都不问，男儿的事业原本要昼夜不停"，是的，好男儿怎能心中无梦，不管前面是布满荆棘，还是充满阳光，我都将一路前行，为实现自己的梦想奋斗、奋斗、再奋斗。

第六节　梦想，在执着中绽放

坚守，让梦想回到原点

因为取名"军"，从小我的理想是考军校。初中毕业时，因被班主任老师在是否自愿读师范时填写了"是"而阴差阳错地读了师范学校。毕业时，想到堂堂七尺男儿，一辈子做个"孩子王"，我就觉得前途一片黯淡，对即将面临的工作也无一点兴趣。

1997 年，适逢建区，刚满 20 岁的我被分到了远离家乡的野徐中心小学工作，工作一年后，我调回到了家乡——许庄中心小学工作。年少无知的我，加之对工作并无兴趣，整天就知道玩耍，工作马马虎虎，不求上进，也常常和一些朋友结伴打球娱乐。在学校例行的工作检查中，我因连续多次不给学生批改作业而被校长找去谈话。

此后，尽管我有所收敛，内心依然很苦闷，一心想着“下海”。

当年年底，学校搞教师类别评比（已取消）。优秀教师属“一类”，合格教师属“二类”，不合格教师属“三类”。我和另外一名教师被评为“三类”。在学校教师大会上，当听到校长在台上宣布这一结果时，我一下蒙了，大脑一片空白，恨不得找个地洞钻进去。

后来，校长多次与我促膝长谈，细心、耐心地帮我疏导、分析、定位，教我如何对待工作，怎样正确应对工作和生活中的烦忧……用一份挚诚的“大爱”把我从失望、迷茫的边缘拉回了现实，找回了自己，意识到自己的一些想法不切实际，同时在阅读李吉林、斯霞、霍懋征等老师的著作的过程中，我也逐渐懂得了教育的神圣和伟大，重新拾起了久违的教育梦想，从而走上了追求教育梦想之路。

我逐渐知晓，如果把教师工作当作一项毕生追求的事业而不仅仅是一个谋生的饭碗时，把教育岗位当作一个创造性地实现自身价值的舞台而不是一种负担时，我们就会在工作中得到快乐，而不是烦恼和悲伤，更不是职业倦息，就会感到工作着是美丽的，忙碌着是快乐的。

渐渐地，我成了我区小有名气的教育名人。政府想引进我这个人才，找了学校多次，并且派组织来考察，学校领导把压力给到了我一个人，让我自己决定去留！一边是从政之路；另一边是曾经的教育梦想，在经过一番深思熟虑后，我毅然决定继续留在教育战线上为自己的教育梦想而艰苦奋斗。当组织找我谈话时，我毅然拒绝。朋友和家人纷纷找我，对我说，“你这个傻瓜，一般人都是梦想着去机关工作，甚至想方设法去机关工作，而你有机会却不去，真不明白，做一个小学教师有什么好？”面对这样的情况，我总是淡然一笑，因为我知道，这是我的选择，我的定位，我的梦想——做一名好老师！电视台采访我时，我说，“我热爱教育，我愿把自己的一生都奉献给心爱的教育事业！”

近年来，有城里学校和上海、苏州、常州等地一些优质学校多次高薪聘请我去工作，面对如此多的诱惑，我始终婉言谢绝。因为，家乡培养了我，我要为我深爱的家乡而努力工作。

从刚开始工作时的彷徨、徘徊，到现在对教育的坚定和执着，其中也经历着如春蝉蜕皮般的痛苦。面对纷繁复杂的社会，能否耐得住寂寞，守得住清贫，这需要一种信念和意志，需要保持一种操守。我在自己的博客上写道："生命因持守一份追求而美丽，教海因坚守一份执着而精彩！"从一名普通教师到泰州市最年轻的学科带头人、泰州市首批特级教师后备人才，我的步伐越来越坚定，也越来越厚实，我渐渐从中体会到一种成长的喜悦，成功的快乐。

远行，让生命的足迹更长

视野有多开阔，创造的空间就有多大！

2005年年初，学校获得了一个到新疆伊犁察布查尔锡伯自治县支教的名额。当时，我的孩子刚出生两个月。当校长找到我做工作时，我毅然决定不远万里来到了祖国的边陲——新疆伊犁察布查尔锡伯自治县第三小学支教。来到新疆后，由于气候干燥，一时不适应，每天早上洗脸时，鼻子总会流好多血，几乎是一直流到回来，但我从没有告诉带队老师及所在的学校领导。在疆支教期间，本来没有安排我带班上课，只是安排我听听课，参与学校管理，对教师进行培训等工作。但我觉得只说不做没有说服力，于是我主动要求带班上课。不想这个决定也让我背负了前所未有的压力，那就是每天都有老师事先不通知悄悄坐在教室里来听课。记得有一天，江苏省教育厅在新疆挂职的领导来看望我们，把我带出来喝了点酒，下午回来时正趴桌上休息，数学课代表来叫我，叫我去上课，班上已经坐了几位听课的老师。我一听，心里直说不好，忘记下午有节课了，于是赶紧抓起课本就冲到教室，硬着头皮上完课。呵呵，这也是我从教以来唯一一次喝酒进教室的。

半年来，我写下10万多字的支教笔记。应当地教研室邀请，我担任了该县首届教学能手大赛数学组主任评委。一天半的时间里我听了 14 节课，当晚写评课及思考至凌晨 3 点半，写了近万字的课堂评析及思考，在我评课后，当地一位老师对我说："听了你的评课，我深受启发，我决定明天回到学校把这节课重上一遍。"

那段日子我奔波于山区，先后五次为全县教师做示范课和专题讲座，与少数民族农民兄弟同吃同住。

"他促进了我们县小学课程改革的深入开展。"当地教育局的一位负责人说。那一刻，我觉得特别有成就感。

当年，察布查尔锡伯自治县人民政府表彰我为"优秀支教工作者"。时任中央政治局委员、新疆维吾尔自治区原党委书记王乐泉，教育部部长周济等同志亲切接见了我。周济说："为你的精神感动，谢谢你！"

一有时间，我就陪孩子们打篮球、跑步，还利用周末组织孩子们步行春游，渐渐地，不少孩子把我当成大哥哥。

记得有一段时间，我放在办公室的数学试卷老是失踪。有同学反映，班上的学生小 A 总是一个人进教师办公室。我找到小 A 谈心，小 A 承认偷了试卷。

小 A 是留守儿童，父母都在外地工作。小 A 之所以偷试卷，其实是对考试的焦虑。我跟小 A 谈心："平时扎扎实实学习，到考试时自然胸有成竹；复习时，还要讲究方法，抓住重点，提高效率。"每次考试前，我都会单独辅导小 A，并且，让他每天回去听音乐，尽可能放松。后来，小 A 以优异的成绩升入初中。后来，他来信写道："李老师，是您用无私的爱心和耐心改变了我！"

一位脑瘫学生，行动不便，在班上两年，几乎都是我背着孩子去厕所。从教十七年来，由于关爱和帮助了多名学困生，我深受学生和家长的喜爱和信任，《中国教育报》、泰州电视台、《泰州晚报》等媒体都曾报道采访过我的

事迹。

全国优秀教师、泰州市优秀教育工作者、泰州市党员教师爱生模范、高港区首届十佳青年教师……坚守，也让我收获了肯定和鼓励。

追梦，让教学主张生长

记得有一次，我让学生给我写“说句心里话”。一位学生这样写道，“老师，你别指望我对你的课感兴趣，至少对我来说，其他课更有吸引力。”学生的话让我陷入沉思。

如何让枯燥乏味的数学课变得生动有趣？我一直在苦苦探索。

“孩子们，‘石头、剪刀、布’玩过吗？今天，就让我们来玩这个游戏！”学生们欢呼雀跃。

“说明一下规则，先把自己的右手放在身后，想好动作，我喊预备、开始，我们一起伸出手来，准备好了吗？”

“一、二、三！”伴随着笑声，一只只小手臂伸了出来。“赢我的站起来。”“输我的站起来。”“出的和我一样的站起来。”

我在黑板上一一写下数据：“谁能用一句话表述一下刚才的情况？”“大约有三分之一的人获胜，三分之一的人失败，三分之一的人平局。”一位学生站起来说。“看来，只要留心，善于用数学的眼光来观察事物，你就会发现，生活中的一些常见的现象、活动，都蕴藏着丰富的数学知识！好，今天，我们一起来研究用分数表示具体情境中事件发生的可能性的大小……”

随着新课程改革的深入推进，根据我在课堂中的实践和思考，我发现当前课堂教学普遍存在重“形式”轻“本质”现象，很多教师在一些非本质的组织形式、表达方式等方面投入了过多的精力，抑或是我们本身没有把握知识的内在本质。在教学活动中，没有引导学生从数学知识本源性的实质去思考和探究，学生获得的只是浮于表面的陈述性知识，而对更为重要的程序性、策略性知识却知之甚少，这违背了数学教学的本质。因此我提出：要给学生一个有“根”的数学。通过对“自问互探”学习方式的有益尝试，积极构建“小学数学自主参与式”课堂教学模式，让数学思想根植于儿童的学习中，让学生感悟、经历数学的本质，利用“再发现”的学习方式经历数学知识发生、发展的全过程，致力培养人格健全，身心健康，具有“数学思想和眼光”的人。

经过锤炼，我的课堂教学形成了“新颖、扎实、灵动”的教学风格，先后多次在省、市优质课评比中获一等奖，应邀到新疆、湖南、江西、无锡、靖江、姜堰、兴化等地执教观摩课和做讲座，在省内外产生了一定的影响。

2006 年至 2009 年，我连续四年在江苏省“教海探航”征文评比中获奖，实现了高港区在江苏省优秀论文评选活动中的“奥林匹克”零的突破；撰写的 20 多篇论文和随笔发表于《人民教育》《小学数学教师》《江苏教育》等报刊。

从 2009 年起，我在学校组建了“求索”小学数学学习共同体，为青年教师量身定做成长计划。2013 年 1 月，高港区教育局以“李军”命名的高港区小学数学名师工作室成立，在工作室的平台下，我精心组织多次“读书沙龙”“同课异构”等教研活动，促使全区一批年轻教师走上专业成长的“快车道”！

2010 年，我被泰州市教育局评为全市最年轻的“市首批省特级教师后备人才”，2013 年，被泰州市教育局评为泰州市首批卓越教师。

生命需要用学习来充实，心灵的荒原需要用知识来绿化！

我在为校刊《浪花》写的刊首语《底蕴和底气》中有这样一句话，“有文化才有底蕴，有底蕴才有底气，有底气在课堂上才有灵气”。底蕴底气从何而来，我想，应是从不断地读书、实践、反思中自然萌生而来。

“昨夜西风凋碧树，独上高楼，望尽天涯路”，这是迷惘中的追求！

“衣带渐宽终不悔，为伊消得人憔悴”，这是痛苦中的执着！

“众里寻他千百度，蓦然回首，那人却在，灯火阑珊处”，这是苦思冥想后的豁然开朗，这是播种后的收获！

不管前面是布满荆棘，还是充满阳光，我都将一路前行！

梦想，在执着中绽放！

（注：此文发表于《泰州晚报》2009年9月10日）

后 记

这本书里的文章，大多数写于2021年之前，也算是对我的教学主张前期粗浅研究的一次梳理和小结。

2012年底，我心底突然萌生了教学主张——教有“根”的数学，后来把这个想法第一时间和时任《小学数学教师》杂志副主编陈洪杰先生沟通交流，他的肯定让我坚定了我的初步思考，虽然这时的思考是幼稚的，不成熟的。

感谢陈洪杰先生！

教有“根”的数学，何以为“根”？最初简单的想法就是想从数学基本思想入手，以数学思想的研究来改变自己的课堂教学，用数学思想来引领课堂教学，让隐藏的数学思想得以凸显，让孩子们去感受数学知识背后数学思想的力量。数学教学在小学数学教学实践中发展、形成是我国数学教育的特色之一，其实践探索与理论研究不仅深刻影响着我国中小学各学科的教学，甚至影响着我国基础教育的改革与发展。随着数学课程改革的深入和对数学“双基”教学的研究与发展，《义务教育数学课程标准（2011年版）》的颁布预示着沿用了大半个世纪的“双基”发展成为“四基（基础知识、基本技能、基本思想、基本活动经验）”，这也是我国新一轮课程改革的亮点和取得的突出成果之一。从“四基”首次出现在《义务教育数学课程标准（2011年版）》的总目标中，到《义务教育数学课程标准（2022年版）》的继承可见其生命力的强大。也让我的研究找到了依据和方向。

2013年，我以“追寻有‘根’的小学数学教学的实践研究”为课题申报江苏省课题，被江苏省教育科学规划办公室正式立项，由此拉开了“教有‘根’的数学”教学研究的序幕，以数学思想为抓手展开课题研究，在课题组

不断地深入研究下，课题得以顺利结题，并被评为“优秀在研课题”。

2017 年，在《小学数学教师》杂志主编蒋徐巍先生的大力支持下，在特约副主编陈洪杰老师的指导下，在全国有着重要影响力的《小学数学教师》杂志 2017 年第 9 期将我作为杂志封面人物推出，并以“数学思想引领课堂教学”为主题，刊登了一组课题研究的成果，在全国引起了广泛的关注。

感谢蒋徐巍先生！

感谢《人民教育》《小学数学教师》《中国教师报》《江苏教育》《小学教学》《小学教学研究》《小学教学设计》《教学研究与评论》《教育视界》等报刊的编辑老师们！我的文字里有他们的心血和厚爱。

感谢广东省中小学“百千万人才培养工程”——小学理科名教师项目管理单位韩山师范学院的王贵林教授的精心策划和广东人民出版社编辑老师的细致编审！

感谢在我的成长过程中带给我重大影响的我的师父华应龙先生！

感谢在我的成长过程中给予我很多帮助和指导的江苏、广东的各位领导、专家、朋友们！

感谢我的家人给我的支持，让我安心地做自己喜欢做的事！

这是我的第一本书，肯定不成熟，也可能稍显逊色，但我愿意求教于大家，帮助我更好地成长和进步，我坚信：1 永远大于 0！

写于 2023 年初冬　寒竹轩